フィールドの生物学—⑬

イマドキの動物 ジャコウネコ

真夜中の調査記

中島啓裕 著

東海大学出版部

Discoveries in Field Work No.13
Common palm civet
-its ecology and ecological roles in a changing world

Yoshihiro NAKASHIMA
Tokai University Press, 2014
Printed in Japan
ISBN978-4-486-01995-4

口絵 1 （a）白ドリアン*Durio zibethinus* と（b）赤ドリアン *D. graveolens*. *Durio* 属の中でも果実の大きさや果皮の色は多様だ.

口絵 2 ドリアンの一種 *Duiro graveolens* の果実（a）と種子（b）.

口絵 3 パームシベット*Paradoxurus hermaphroditus*（描画：中島茂壽）.

口絵 4　パームシベットが好んで食べるドウダイグサ科の*Endospermum diadenum*（a,b）とブドウ科の*Leea aculeata*（c,d）.

口絵 5 発芽実験にもちいる*Leea aculeata*の種子を準備している筆者.

口絵 6　アフリカのガボン共和国・ムカラバ国立公園で出会ったウォーターバック*Kobus ellipsiprymnus*（a）とバッファロー *Syncerus caffer*（b）. 人為的に維持されたサバンナは，多くの野生動物を支えている（写真 b 提供：本郷 峻）.

まえがき

一枚の写真の記憶について語るところから、話を始めてみたい。

小学校六年生の頃のことだろうか。私は、自宅の屋根の上に寝そべって、一冊の本を読んでいた。動物写真家・宮崎 学による『野生に生きる』(毎日新聞社)という本である。宮崎は、当時、動物写真家として初めて土門拳賞を受賞するなど、世間の注目を広く集める気鋭の写真家だった。私も、その生い立ちを描いた『動物と話せる男――宮崎 学のカメラ人生』(理論社)を読んですっかりファンになり、両親にねだっては、彼の著作・写真集を買ってもらっていた。この本も、昆虫や鳥の観察に没頭するのをいつも応援してくれていた両親が、誕生日か何かの際に買い与えてくれた本だったと思う。

『野生に生きる』の巻頭には、彼の故郷・信州の伊那谷で撮影された野生動物の美しい生態写真がカラーで掲載されている。当時の私がとくに魅かれたのは、自動撮影カメラがとらえた動物たちの姿だった。自動で動物が撮影できるという装置は、子ども心にわくわくしたし、動物たちの本来の生き生きとした日常の風景を捉えているように感じられたからだ。同時に、定点で撮影された同じ背景をもつ写真は、被写体の違いをいっそう際立たせ、伊那谷の動物種の多様性の高さをことさら強調する。「多様性」。生物好きの人間には、これ以上ないくらい魅力的な言葉だ。

しかし、本の巻頭には、動物たちの息遣いを感じさせる写真と並んで、当時の私には信じられないような一枚の写真が掲載されていた。「何だ、この写真は?」。私は、その写真を見たとき激しくとまどった。

そこにあったのは、美しい動物の姿ではなかったからだ。なんと、古ぼけたバイクにまたがって、郵便配達をする中年男の後ろ姿だったのだ。もちろん、他の動物たちと同じ森の中の小路で、同じ自動撮影カメラによって撮影された写真である。小太りの中年男は、郵便局の制服を身にまとい、日常の業務を淡々とこなしている。それは、何の変哲もない日常の光景だ。動物たちの姿を夢見心地で見いっていた私は、その写真を見たとき何かに裏切られたような気さえした。

今から振り返ってみると、この写真こそが、伊那谷で動物たちとともに育ってきた宮崎の動物観、自然観を端的に示すものだと感じる。巻頭の動物たちの写真を見た者は誰しも、美しい彼らの姿に魅了され、彼らはきっと私たちの生活とは無縁の、どこか遠い大自然に暮らしているものだと錯覚してしまう。たとえば、カメラの前を通り過ぎるノウサギの美しい姿態は、気高さすら漂わせ、私たちとは別の「野生の王国」に生きているように感じてしまうのだ。しかし、郵便配達員の後ろ姿が示すのは、それとはまったく反対の事実だ。動物たちが撮影された「けもの道」は、昼間は人間が日常的に使う生活道にすぎない。写真の中の動物たちは、じつは私たちと同じ生活圏で暮らしていて、人間が作りだした環境を巧みに利用しながら生きている。動物たちは、こちらのことをしっかり観察していて、私たちの前から身を隠している。ふだん、私たちが彼らの存在に気づかないのもそのためにすぎない。宮崎は、自動撮影カメラでこっそりと観察・鑑賞していたと思っていた対象が、じつは私たちの方を観察対象にする能動的な存在であることを、たった一枚の写真で巧みに表現してみせたのだ。人と動物の主客の逆転は、野生動物とはほとんど無縁な環境で生活していた私にとっては、想像もできないものだった。

ところで、皆さんは、熱帯雨林に棲む野生動物に対して、どのようなイメージをおもちだろうか？　おそらく、人が足を踏み入れることもできない密林に、人知れずひっそりと暮らす存在としてとらえているのではないだろうか。あるいは、急速に進む熱帯雨林の喪失によって、個体数を減らし、絶滅に追いやられているか弱い存在という印象かもしれない。かつて、私が伊那谷の野生動物に対して抱いていたのと同じように。もちろん、熱帯雨林に棲む多くの野生動物が、生息地の破壊や狩猟の結果、急速に個体数を減らしているのは事実だ。なかには、地球上から完全に姿を消しつつある動物もいる。しかし、それは実際におこっていることの一面でしかない。熱帯雨林の動物たちの中には、人為的に生まれた環境に巧みに適応し、私たちの気づかないところでしたたかに暮らしているものも数多く存在する。宮崎のある著作の表現を借りれば、彼らは「イマドキの野生動物」となって、改変された環境でたくましく暮らしている。それは私たちが期待する動物の姿とは少し違うだろう。しかし、それもまた真実なのだ。

私が研究をおこなってきたジャコウネコ科 Viverridae のパームシベット *Paradoxurus hermaphroditus* も、そんな動物の一種といえるかもしれない。パームシベットとは、東南アジア・南アジア地域に広く分布する、イヌやネコと同じ食肉目という動物に分類される哺乳類の一種である。体色は灰色から褐色、単独性でめだたず、体も小ぶり（体重二〜三キログラム）、そして夜行性。おまけに、「食肉目」とは名ばかりで、彼らの主食は果実で、派手な狩りをすることもない。ステレオタイプな熱帯の動物像、「大型で美しく、エキゾチックで、絶滅に瀕した貴重な存在」というイメージとは、おおよそかけ離れた存在だろう。しかし、一見地味な彼らは、じつは人間の手の入った環境にも巧みに適応して、新しい生態系の維持に重要な役割を果たすようになっている。この本の中で、そんな彼らの伐採二次林での暮らしぶりを、自身の調査結果をもとに紹介してみたい。

私のひそかな目標は、次の二つのことを読者に納得してもらうことだ。一つは、森林伐採やプランテーション開発といった人間活動は、個々の生物種の生態・生活史に影響を与えるだけではなく、生物たちの間に結ばれていた関係性じたいも、大幅にそして複雑に改変するものであるということ。もう一つは、人間活動の動植物への影響は、「熱帯雨林の破壊」=「動物たち

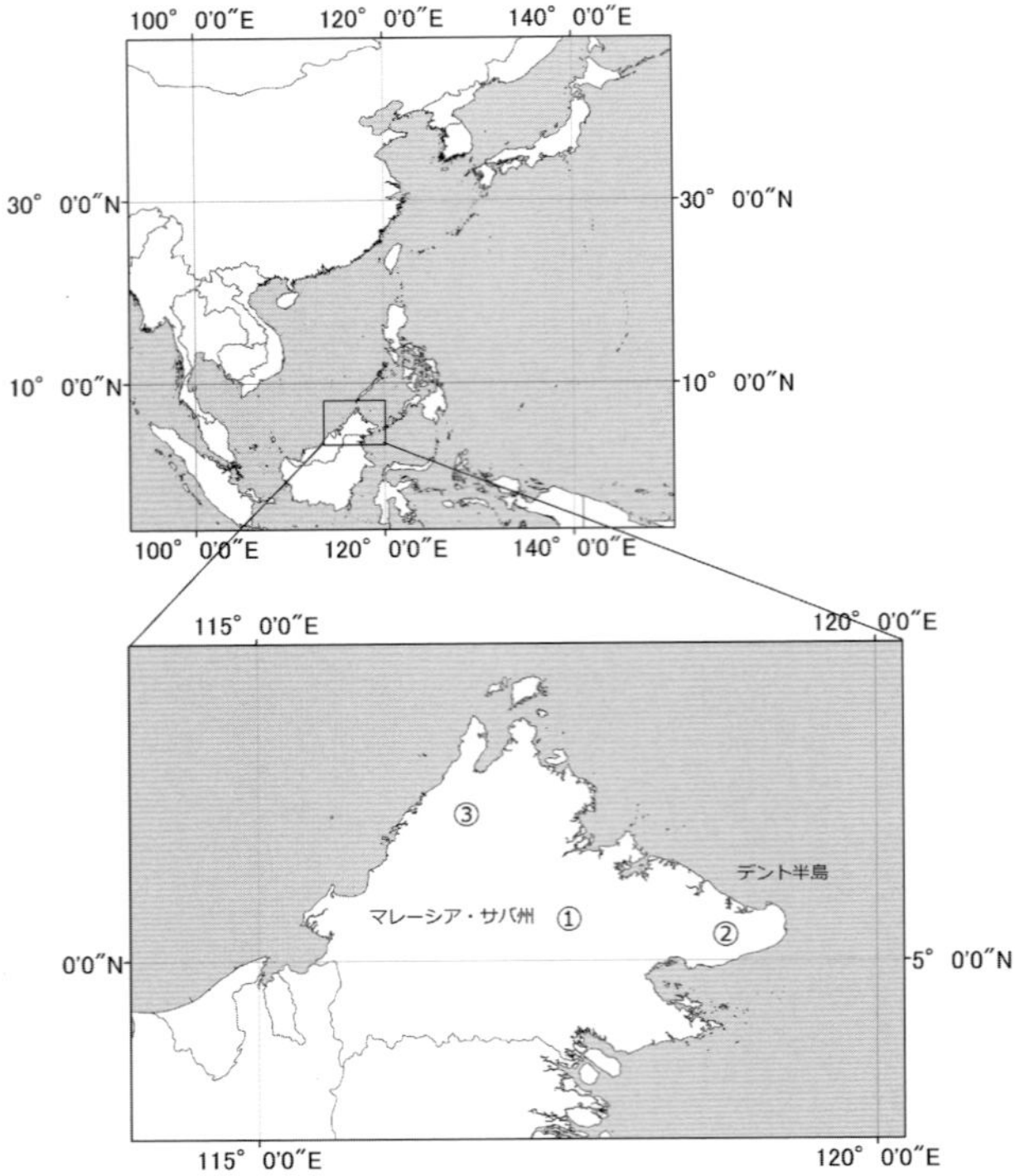

図 本文中に登場する調査地. ①デラマコット保存林, ②タビン野生動物保護区, ③キナバル山.

の絶滅」=「悪」という単純な図式で回収されるべきものではないということだ。熱帯雨林で生じているさまざまな問題は、私たちとけっして無関係ではない。木材を得るための森林伐採、オイル・パームやゴムなどのプランテーション開発、これらの活動によって得られた林産物・農産物は、日本へと輸入され、私たちの生活を支えている。今日、朝起きてからこの本を手にとるまでに、ボルネオの産物を気づかないうちに利用しているかもしれない。私たちとパームシベットの生活をつなぐ複雑な関係性の糸を、この本をつうじて描ければと思う。

この本で扱うジャコウネコ科の一種 *Paradoxurus hermaphroditus*（英名 Common palm civet）を「パームシベット」と呼ぶことにする。本種は、「マレージャコウネコ」という和名をもっているが、ボルネオ島には、英名 Malay civet（*Viverra tangalunga*）というジャコウネコ科の別の種類もいる。こちらも、英名を直訳すると、「マレージャコウネコ」になってしまう（しかし、和名では「ジャワジャコウネコ」呼ばれている）。両種の混同を避けるため、この本では、私の研究対象種 *Paradoxurus hermaphroditus* を、英名にならって「パームシベット」と呼ぶことにしたい。

ジャコウネコ科パームシベット。ふだん耳にすることはまずないマイナーな動物だ。私がどのような経緯で、こんな地味な動物に惹かれていったのか？　話は、私の修士課程の研究から始まる。

目次

第1章
ボルネオへ、そしてパームシベットへ

ボルネオへ

私が、最初にボルネオ島の熱帯雨林に調査に訪れたのは、二〇〇五年六月のことだった。当時、京都にある総合地球環境学研究所が中心となって、「持続的森林利用とその将来像」というプロジェクト（以降、地球研プロジェクト）がおこなわれていた。生態学者だけではなく人文学分野の研究者も参加して、「過去の森林利用とそれを変化させた社会・経済的要因」、「人間活動が生物多様性・生態系サービスに与えた影響」を複合的な視点で明らかにすることが目的だった。調査は、マレーシア・サバ州を含む国内外四つのサイトで同時に展開されるという大型プロジェクトである。私は、京都大学生態学研究センターの修士課程の学生として、マレーシア・サバ州（ボルネオ島）のデラマコット保存林の調査グループに参加させてもらえることになったのだ。

「小さい頃から昆虫や鳥が好きだった人間が成長して、やがては熱帯雨林で生態学の研究を始めた」と聞くと、自分の興味・関心を順調にはぐくんでいった姿を想像されがちだ。じっさい、幼少期の私を知る人と出会うと、「昔となんにもかわってないね」とか、「自分の好きな道を早くから見つけられたことがうらやましい」と言われることが多い。しかし、そう言われると、私はとまどってしまう。私も、自分の進むべき道を選択するのに人並みには悩んだし、熱帯での研究にたどりつけたのも、さまざまな偶然と幸運があったからだ。この本を手にとってくれた方の中には、自分のこれからの進路に迷っている人もいるかもしれない。どれだけ参考になるかはわからないが、私がボルネオでの研究にいたるまでの経緯を最初に簡単に書いておこう。

冒頭にも書いたように、私は、小さい頃から昆虫や鳥が好きだった（あいにく、身近にいる哺乳類といえばドブネズミぐらいだったが）。私の生物への関心は、高校に入学する頃になっても続いた。通学途中に観察した鳥は、途中断絶はありながらも、継続して記録していたし、都市の鳥類（とくにヒヨドリ）の生態に興味をもち、研究のまねごとをしていたこともある。進学先として京都大学を考えるようになったのも、日本でもっとも広い意味での生態学の研究が盛んだと聞いたからだ。とくに、マダガスカル島でオオハシモズという鳥の研究プロジェクトがおこなわれていたことも私にとって大きな魅力だった。大学に入ったら、一流の研究者・仲間とともに、思う存分、自分の好きな勉強がしたい。そう思って、高校でもまじめに勉強を続けていたのだ。

しかし、私は、大学入学前後のどこかで、大きくつまずいてしまった。理由はよくわからないが、生物の生態にまったく興味を覚えなくなってしまったのだ。入学した京都大学は、「自由」な校風といわれるとおり、まったくの放任主義だった。授業に出ずとも、卒業に必要な単位は簡単にそろえることができる。一般教養の授業ともなると、そもそも教員の側にやる気がなく（少なくとも当時はそう感じた）、授業もどうぞ休んでくれと言わんばかりだった。私は、授業に最低限は出席しながらも、あり余る時間を、あてもなく、文学、社会学、哲学、歴史学、現代思想などいわゆる「文系」の本をひたすら読んですごした。こういった分野の本の方が、自分にとって切実な課題の解決につながるように感じていたのだ。よくある話といえばそれまでかもしれないが、人生の中でももっとも自由な時間がとれる学部学生時代は、私にとって悩みに悩んだ暗黒時代だったのである。

そんな私に、突然、転機が訪れる。忘れもしない、ボルネオに調査に入るちょうど一年前、学部四回生の六月のある雨の日のことだ。その日、私は、いつものように授業に使われていない空き教室で、一人読書に耽っていた。誰もいない教室は、本を読むのに最適な環境だ。自由に空調を調節できるし、喫茶店のように隣の話し声が気になることもない。どの教室が、どの時間に授業に使われていないかを、あらかじめチェックしておいて、空いた教室をめぐって読書するのが当時の日課になっていた。しかし、その日は、どうも授業予定を勘違いしてしまったらしい。二限目の授業開始時間前になると、教室に少しずつ学生が集まり始めた。そして、私がとまどっているうちに、とうとう授業が始まってしまった。北山兼弘教授（当時 京都大学生態学研究センター）による「植物生態学」という授業だった。

やむをえず受け始めたその授業は、しかし、他の授業には感じたことのない魅力に溢れていた。北山先生は、マレーシア・サバ州（北ボルネオ）のキナバル山（写真1・1）で、樹木の種多様性と生態的機能の関係についての研究プロジェクトを、十年以上にわたって続けられていた。私が感動したのは、先生が紹介されたキナバル山での研究成果が、一つひとつのデータは細かく緻密でありながら、全体としては、一つの壮大なストーリーを形作っているように感じられたからだ。そのスケールの大きさにも圧倒された。「理系」の研究といえば、重箱の隅をつつくような研究が多く、その意義やおもしろさが素人には理解できないものが多い。当時の私は、そうした一種の偏見を強くもっていた。しかし、北山先生の話は、そんなマイナスのイメージから対極にあるものだったのだ。私は、その週から毎回、この授業だけは必ず出席

写真1・1　キナバル山の山頂．標高4095m．標高による植生の移り変わりと土壌条件の違いを巧みに利用した研究プロジェクトが，長年続けられてきた．

することにした。

それから何度目かの授業の際、北山先生は、キナバル山とは別に、デラマコット保存林というマレーシア・サバ州の低地熱帯雨林でも、熱帯雨林の保全・管理を目的とした新たな研究プロジェクトを進めていることを紹介された。デラマコット保存林での研究はまだ始まったばかりで、まとまった研究成果はこれからというところだったが、オランウータン、アジアゾウなど、絶滅が危惧されるような希少な大型哺乳類も高い密度で生息しており、キナバル山とは違った魅力を備えていることがよくわかった。森の中には、「塩場」とよばれる場所があり、草食動物たちが塩分濃度の高い水を求めて集まってくるらしい。塩場の水を飲む動物たちの写真は迫力満点で、デラマコットの森の豊かさが、実感としてよく伝わってくるのだ（これらの写真は、のちにお世話になる松林尚志さんの設置した自動撮影装置によるものだ。

松林さんの研究については、フィールドの生物学①『熱帯アジア動物記――フィールド野生動物学入門』東海大学出版会を参照）。

北山先生の話を聞いているうちに、私の中に元来あるらしい生物好きの感情が、むくむくとよみがえってくるのを感じた。先生の口から語られるデラマコットの豊かな森は、かつて私が憧れていた生物の宝庫・熱帯雨林という自然がもつ魅力をもう一度思い出させてくれるのに十分だったのだ。具体的な研究テーマがあったわけではけっしてない。しかし、物事を必要以上に複雑に考えてしまう私が、その時ばかりは、不思議なくらい素朴で純粋な興味を覚えることができたのだ。それは、どこか魔法をかけられたような気分だった。

そこから、とんとん拍子に話が進んでいった。授業のあと、すぐに北山先生に電子メールで連絡をとり、先生の研究室に伺って、それぞれのプロジェクトの目的や方法、今後の計画について、さらに詳しく説明していただいた。さいわいなことに、大学院入試に合格すれば、私にも研究させてもらえる余地もあるという。とくにデラマコットはプロジェクトが始まってから日が浅く、すぐにでも人員を補充したいと考えているとのことだった。

私は、さっそく、大学院入試に向けた勉強を開始した。入試までは、わずか二ヶ月ほどしかない。私の生物学の知識は、高校時代のまま完全にストップしているし、大学院入試で重要な英語となると、大学受験入試以来ほとんど読んだことがないありさまだ（ドイツ語で哲学の文献を読むゼミには毎週、熱心に出ていたのだが…）。大学院入試の倍率も三倍ほどで、けっして低くはない。それでも明確な目標があると人は動くものだ。生態学、行動学、霊長類学の本を片端から読んでいき、入試に必要な知識を頭に詰め込んだ。「ベゴン・タウンゼントの『生態学』（京都大学学術出版会）を五回通して読んだ」といえば、私の本気さがわかる人にはわかるかもしれない。そして、猛勉強の成果もあって、なんとかぶじに合格することができた。

あの時、あの教室で本を読んでいなかったら、私は、今頃何をしていたのだろうか。今でも時々そんなことを考える。もしかしたら、私の人生は大きく変わっていたかもしれない。まっとうに企業に就職して、ストレスの多い毎日をおくっていたのかもしれない（その方が、少なくとも経済的な意味では正しい選択だったのかもしれないが）。何がきっかけで人生が変わるかわからない。もしかしたら、私がもがいていたのは、その不条理さに対する一種の怖れであったのかもしれないと、今となっては思う。

修士論文の研究テーマ

さて、私が、デラマコット保存林で修士課程の研究課題として取り組むことにしたのは、「野生ドリアンの種子散布過程における大型動物の役割の解明」という研究テーマだった。ドリアンとは、固くて鋭いトゲトゲに覆われた果皮に、強力な匂いで有名な「果実の王様」ドリアンのことである（写真1・2）。野生下において、あんな巨大な果実を、誰がどうやって食べているのかということは、博物学的な観点からも興味深いテーマだろう。熱帯らしい大型果実と大型動物の間に、熱帯雨林でしか見られないような関係

写真1・2　市場で売られていたドリアン *Durio zibethinus.*

性が発達しているかもしれない。「熱帯雨林でしか見られない関係性」という言葉は、熱帯生態学初学者の私には、たまらない魅力を秘めていた。そうした関係性を見出すことこそが、わざわざ熱帯雨林まで出かけていく意義なのだとさえ感じていた。しかし、私がドリアンの種子散布に注目した理由は、それだけではなかった。デラマコットの研究プロジェクトの趣旨にそったかたちで、私の興味・関心にも忠実なテーマ設定をするために、いろいろな人の知恵を借りながら、私なりに精いっぱい考えてたどり着いたものだったのだ。

修士課程に入った私が最初に取り組まなければならなかったのは、地球研プロジェクトの目的と私のしたい研究にどうやって折り合いをつけていくかを考えることだった。地球研プロジェクトの目的は、かなり応用的側面の強いものだった。デラマコットでは、ドイツ技術協力公社（ＧＴＺ）の技術的・資金的支援をうけた一九八九年以降、サバ州森林局が中心となって、新たな森林管理・経営モデルの構築をめざしてきた。従来型の伐採は、短期的な利益を最大化するために、森林への影響をかえりみずに、あるだけの材を切り出そうとする。この結果、伐採後に残された森林はみるからにボロボロで、再び木が利用可能なサイズに成長するまでには莫大な時間がかかってしまう。デラマコット保存林では、こうした従来型の伐採方法を見直し、「低インパクト伐採（ＲＩＬ）」と「森林認証制度を利用した木材の高付加価値化」を柱とした新たな管理・経営モデルを構築しようとしていたのである（詳しくは、「コラム　デラマコットの森林管理・経営モデル」参照）。地球研プロジェクトがめざしたのは、森林局の「持続可能な木材生産」という目的に、「生物多様性の保全」という目的を適切なかたちで組み入れることだった。伐採は、そこに棲む動植物にも多大な影響を与えるが、森林局が構築してきた森林管理・経営モデルには、生物多様性への配慮は含まれていない。そこで、低インパクト伐採が生物多様性に与える影響を定量的に評価し、それを保持するための森林管理の方法を提言しようというのだ。

もちろん、私も、デラマコットで調査をおこなう以上、何らかのかたちでプロジェクトの趣旨にかなったテーマ設定をする必要がある。ボルネオへの渡航費用や研究費はプロジェクトに負担してもらえるのだから、それは当然のことだ。しかし、本音を言えば、私にとってのデラマコットの魅力は、もっと素朴に、原生状態に近い低地熱帯雨林が保持されており、各地で姿を消しつつある大型哺乳類が生息していることにあった。日本人がそれまで生態学的な調査をおこなってきたサラワク州・ランビル公園や、半島マレーシアのパソー保護区では、高い狩猟圧や森林の断片化が進んだ結果、大型哺乳類の多くは、すでに絶滅したか、あるいは低密度でしか生息していない。ほかの多くの調査地でも、大型動物が残されているところは、ひじょうに限られている。これまでの研究成果の多くは、言ってみれば不完全な熱帯雨林で得られた結果だということになる。デラマコットは、熱帯雨林を本来の姿でとらえられる数少ない調査地なのだ。

私は、いろんな文献を読みながら、自分の研究テーマをどうするかについて頭を絞って考えた。さいわい、大義名分の立つテーマ設定をすることじたいは、そんなに難しい作業ではないようにも思えた。デラマコットで大型動物が高い密度で保持されている一因は、低インパクト伐採が実践され、持続可能な木材生産のために環境への負荷が最小限に抑えられていることにあるだろう。逆に、こうした中大型の哺乳類の存在は、熱帯雨林が長期的に維持・更新されていくために不可欠なのかもしれない。大型動物の生態系の中での機能を明らかにできれば、「低インパクト伐採が、熱帯雨林が長期的に維持されていくメカニズムを保持することにも繋がる」ことを示すことができるだろう。だとすれば、大型動物の研究も、（とくにその森林生態系の中での役割に注目するのであれば）プロジェクトの趣旨と無関係ではないだろう…。こじつけめいて聞こえるかもしれないが、少なくともロジカルは誤りではないはずだ。

ただし、これで不安がすべて解消したわけでもなかった。こんなテーマで修士論文に取り組むことを、指導教員の北山先生に認めてもらえるかどうかという問題も別に残されていたからだ。先生は、バリバリの「生態系生態学」の研究者だ。そこで扱われる問題は、時間的スケールが長く、壮大なものが多い（だからこそ、私が授業を受けたとき、感動したのだが）。当時、研究テーマを「熱帯雨林の保全・管理」に舵を切ろうとされていたとはいえ、大型動物の森林更新への影響という小さい話に興味をもたれるか、私は正直不安だった。しかし、恐る恐る相談してみたところ、（北山研究室が理学研究科の植物学教室に所属していたために）植物中心のストーリーを組むことを条件に、「大型動物の生態的機能に着目した研究を進めてもかまわない、むしろ積極的に奨励する」と言ってくださった。もちろん、指導教員の分野外の研究をするためには、研究に必要な知識・研究手法は自分で身につけなければならない。その覚悟は必要だった。しかし、私は、憧れの熱帯雨林で、（別に大義名分をたてる必要こそあったが）自分がやりたい研究をさせてもらえることになったことが、ただただ無性にうれしく、自分で道を切り開けることにかえって魅力を覚えたのだ。

コラム　デラマコットの森林管理・経営モデル

デラマコットの管理・経営モデルには、二つの柱があった。少し詳しく述べておこう。

一つ目の柱は、「低インパクト伐採（RIL）」の実践ということだ。低インパクト伐採とは、周辺植生や土壌などの環境への負荷を最小限にした伐採方法のことである。伐採対象を一定サイズの樹木に限定し、かつ輪伐をおこなうことで持続的な木材生産をおこなうだけではなく、伐採施業が及ぼす森林へのダメージに配慮した伐採方法がとられている。たとえば、伐採木の倒す方向、木材の搬出経路なども他の樹木への影響を最小限にするかたちで決められる。

こうした高コストな管理に取り組む経済的インセンティブを与えるのが、もう一つの柱の「森林認証制度図　FSCの認証ロゴ.

を利用した木材の高付加価値化」である。十全に環境に配慮した持続可能な森林管理が実践されていることが、国際的な認証機関（Forest Stewardship Council; FSC）から認められると、認証済みであることを示すロゴマークを入れて（図）、通常よりも高い値段で販売できる。つまり、低インパクト伐採によって得られた材を、意識の高い消費者にプレミアム（付加価値）を付けて販売することで、高いコストに見合った利益を得ることができるという構図である（デラマコットは、東南アジアで初めてFSC森林認証を取得した熱帯雨林で、同地域の木材には、周辺域における非認証材に比べて、三〇パーセントほどのプレミアムが付いているそうだ）。

研究テーマの背景

では、「ドリアンの種子散布」という具体的なテーマに行きついたのは、どのような理由があったのか？もう少し、この研究テーマの学問的な意義、背景を説明しておくことにしよう。

まず、「種子散布」は、大型動物の森林内での存在意義がもっともわかりやすくあらわれるところだと言ってよいだろう。熱帯雨林の樹木の多くは、種子の散布過程（植物が種子をばらまく過程）を、果実食動物（果実を食べる哺乳類や鳥類）に依存している。東南アジアの熱帯雨林には、他地域の熱帯雨林に比べて、動物によって散布される植物の割合は相対的には低い。それでも、通常半数以上の種が、動物によって散布される。たとえば、ボルネオ島のランビル国立公園では、散布型が決定された一一四六種の樹木のうち、九八四種（八五・九パーセント）が動物散布であった（Harrison et al. 2013）。動物による種子散布は、植物が個体群を維持していくうえで不可欠な過程だ。教科書的にいえば、動物が果たすのは、①果実を食べることで、種子の周りの可食部（果肉や種衣）を剥ぎ取り、種子の発芽を促進すること（Traveset and Verdú 2002）、そして、②種子を散布することで、光環境も悪く兄弟間競合が高い親木の下から逃れたり（逃避仮説）、森林内に種子を広くばらまき好適な場所に到達する確率を上げて（移住仮説）、子孫を残すチャンスを上げることである。動物によっては、好適な環境に特異的に種子を散布してくれるかもしれない（指向性散布仮説）（Howe and Smallwood 1982）。

では、森から果実食動物がいなくなってしまうと、どうなるだろうか？　前述の機能は果たされなくなってしまい、植物は自分の子孫を十分な数残すことが難しくなるだろう。ボルネオ島の熱帯雨林におけるおもな伐採対象であるフタバガキ科の植物は、風散布あるいは旋回散布植物（種子に「羽根」が付いており、種子が旋回しながら落ちていき、風によって運ばれる）であるため、動物が喪失することによる影響は、商業的には比較的軽微かもしれない。しかし、動物散布の種類が過半数を占めることを考えれば、森林生態系全体が長期的・安定的に維持されていくためには、やはり大型動物の存在が無視できない。大型動物の種子散布者としての貢献の解明は、（地球研プロジェクトの本来の目的でもある）長期的な持続的森林管理という問題を考えるうえでも不可欠だということになる。

ではなぜ、とくにドリアンを対象としたのか？　重要なのは、伐採などの人為的な影響による動物相の変化が、すべての植物に同じように影響するわけではないかもしれないという点である。一般に、大きな果実あるいは種子をもつ動物散布の植物は、体サイズが大きな動物に種子散布を依存している（Kitamura et al. 2002）。体が小さいと、大きな種子を運ぶことが物理的に困難になるためだ。一方で、こうした体サイズの大きい動物ほど、人間による狩猟や森林伐採、森林の断片化に脆弱だ（Fritz et al. 2009）。人間活動の影響は、大型動物にとくに大きな影響を与えるという事情によって、果実・種子サイズの大きな植物にとくに大きな影響を及ぼすと予測されるのだ（Corlett 1998）。

ドリアンは、ボルネオ島に分布する植物の中でも、もっとも種子・果実サイズが大きな植物である。果実サイズは種によっても異なるが、最大のものでは直径二〇センチメートルを超えるものもある。私がドリアンに注目したのは、ドリアンを一つのモデルケースとして見ることで、植物にとっての大型動物の重要性を象徴的に取り出せるのではないかと考えたからだ。もちろん、実際には、ドリアンの果実は知名度も高く、「世間受け」しやすいだろうというねらいもあった。同時に、私が小さいころから憧れていた熱帯雨林に培われた驚くべき共生関係を発見することができるかもしれないという期待も抱いてもいた。私の関心とデラマコットのプロジェクトの趣旨を両立させるうえで、申し分ないテーマだと感じたわけだ。

ちなみに、こうした研究テーマの設定の仕方じたいは、けっして新しいものでも、私のオリジナルでもなかった。とくに南米の熱帯雨林を中心に、大型動物喪失の大型果実・種子植物の更新への影響を定量的に評価しようとする研究が盛んにおこなわれ始めていた。東南アジアにおけるこの分野の研究は、南米などの他地域の熱帯雨林と比べて遅れてはいたが、コーレット博士（当時 香港大学准教授）による優れた総説（Corlett 1998）が発表されてからは、ますます注目を集めるようになっていた。日本でも、こうした流れをうけて、生態学研究センターの先輩である北村俊平博士がタイの季節性熱帯雨林でサイチョウの散布者としての役割を明らかにしていた。また、一学年上の寺川真理さん（当時 広島大学大学院生）は、博士課程の研究として、屋久島でニホンザルを対象とした研究をおこなっていた。しかし、生物種の種多様性がさらに高いボルネオ島では、こうした研究は、まだおこなわれていなかった。ボルネオ島には、より大型の動物と果実がみられる。より強固な大型動物と大型果実の関係を発見できるかもしれなかった。

コラム　初めての熱帯雨林

私が熱帯雨林を初めて訪れたのは、学部四回生の秋のことだった。地球研プロジェクトのサバ班のワークショップが、サバ州森林局があるセピロクで開催されることになった。北山先生のご厚意で、私もこのワークショップに参加させてもらえることになったのだ。いわゆるバックパッカーとして、東南アジア諸国を旅行した経験はあったが、熱帯雨林を訪れるのはこれが初めてだった。一〇日ほどの短い滞在だったが、キナバル山、デラマコット、セピロクとさまざまな熱帯雨林を見学する貴重な機会となった。

セピロクの混交フタバガキ林を歩いたときの経験は、今でも忘れることができない。森には、確かに日本の森とは違う濃密さがあった。ワークショップの始まる前日、半日ほど自由に行動できる時間ができたので、翌年度から同じ研究室に入学することが決まっていた潮 雅之(京都大学生態学研究センター)さんと一緒に、セピロク保護林の散策ルートを歩いてみることになった。私たちは、日本の森に入るのと同じイメージで、軽装で森に入った。

ところが、森を歩き始めてものの一〇分もしないうちに、これはなかなかたいへんな場所であることに気がついた。森に入るまでは考えもしなかったのだが、とにかく、ものすごい数のヒルが足に付いてくるのだ。気づいたときには、すでに一〇匹を超えるヒルが足にへばりついていた。すでに血を吸って真っ黒に膨れあがっているものもいる。森に入る前に小雨が降っていて、ヒルにとってもっとも活動しやすい天候だったのだろう。元来、私は、体質的にカ(蚊)などの虫にかまれにくいのだが、そんな私でもこの状態である。潮さんは、もっと悲惨なことになっていた。体中という体にヒルが付き(写真)、血がいたる所から流れていた。私は、それまでヒルにかまれるという経験をほとんどしたことがなかった。それはきっと一緒に森に入った潮さんも同じだったにちがいない。潮さんがその日の夕食のときに、「ヒルは変な病気を媒介したりしないのか」と心配そうに先輩方に聞いていたのが今でも印象に残っている。ヒルは確かに不快だったが、熱帯雨林の濃密

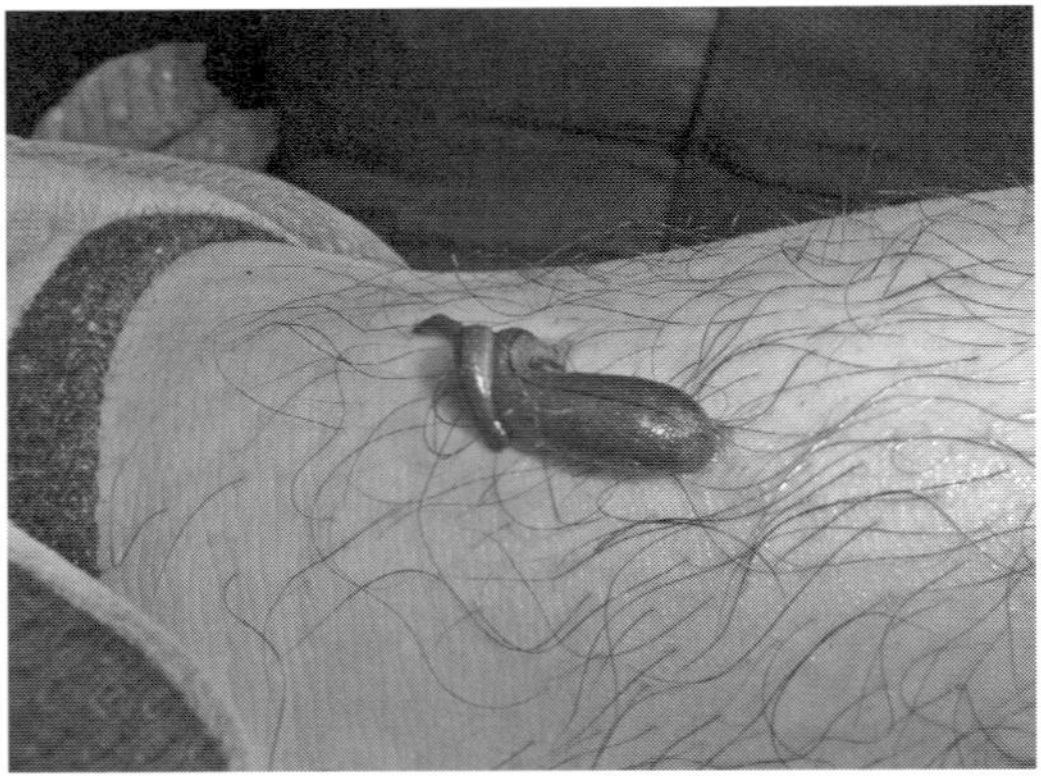

写真　潮さんの足で血を吸って膨れ上がったヒル.

さを垣間見た瞬間でもあった。

ドリアンの種子散布の謎

ドリアンを食べたことはあるだろうか？　日本では、実際に食する機会は少ないはずだが、ドリアンの知名度は抜群に高い。ミュージシャンの名前になっていたり、あるいは、その名もずばり『ドリアン』（中公新書）という本が出ていたりする。最近では値段も少し下がっているようだが、日本では、かつては果実一個当たり一万円以上もした。もっとも東南アジアに旅行に行くと、日本では高価なドリアンの果実が、市場でふつうに売られているのを見かける（写真1・2）。サバ州では、大きいもので果実一個当たり二〇～三〇リンギットだ（日本円で六〇〇円～一〇〇〇円くらい。現地の物価からするとかなり高い）。市場に出回っているものの多くは、品種改良こそなされてはいるが、元々は熱帯雨林の中の野生樹種の一種*D. zibethinus*である。野生下には、この種を含めて、三〇種類が知られている（Brown 1997）。*Durio*属の種の多様性はボルネオ島で高く、起源もこの島にあるといわれている。

その人目をつく果実の形態のためか、日本語で書かれた一般書籍の中には、ドリアンの種子散布について言及しているものも多い。たとえば、私がもっとも尊敬する研究者の一人、ランビルプロジェクトの礎を築かれながら、飛行機事故で亡くなられた井上民二博士（当時　京都大学生態学研究センター教授）も、次のように書いている。「東南アジア熱帯にも大型の果実をつける植物が存在する。そのなかでも、もっとも大型の霊長類であるオランウータン *Pongo pygmaues* に特殊化した、ドリアン（*Durio zibethinus*, キワタ科）やチュンペダ（*Artocarpus integra*, クワ科パンノキ属）などの果実は、果肉も甘くて多く、種子も他の動物では扱えない大きさである。狩猟によってオランウータンがいなくなった地域ではこうした種子は親木の根元に落ちるだけで、そのほとんどは定着できない」（『熱帯雨林の生態学――生物多様性の世界を探る』八坂書房）。一般のイメージでは、オランウータンの大好物であり、オランウータンはドリアンには欠かせない種子散布者ということになるらしい。

しかし、私が調べたかぎりでは、ドリアンがどのような動物に種子を運ばれるかについて、科学的なレベルで信頼できる情報はひじょうに限られたものだった。断片的な情報はあるにはある。たとえば、ボルネオ島で、サイチョウ（という大型の鳥）やオランウータンの採食生態学を研究していたレイトン博士の博士論文の中には、東カリマンタンのクタイにおけるサイチョウの採食物の一つとして、*Durio lanceolatus* が挙げられている（Leighton 1982）。また、霊長類の研究が長年おこなわれてきた半島マレーシアのクアラ・ロンパでは、カニクイザルが *D. oxyleyanus* を食べるという（Chivers 1981）。なかには、スマトラでは、ドリアンの果実はトラの大好物で、彼らが種子を散布していると書いている人もいる（Rijksen and Wageningen 1978）。トラがドリアンの果実を好んで食べるというのは、古くからある逸話らしく、挿絵付きで紹介している本まである（ただし、私の調査地があるボルネオ島には、残念ながらトラは生息していない）。しかし、これらの情報は、あくまで動物側の視点に立ったものだ。植物にとって重要な、果実を食べる動物の種子の扱い（飲み込んで無傷のまま排泄するか、吐き出すか、あるいは種子を壊してしまうか）については、十分な情報が記されているわけではなかった。

ドリアンの種子散布についてのほとんど唯一のまとまった記載は、スマトラ島で長年オランウータンの研究をしていたガルディカス博士によるものだった。彼女は、『The orang utan: Its biology and conservation』という一九八二年に出版された本の一章で、オランウータンによる種子散布について取り上げている（Galdikas 1982）。彼女の調査地、インドネシアのタンジュン・プティン国立公園では、オランウータンは、食べる果実のうち三〇パーセントの種類の種子を破壊してしまうという（この本では、種子じたいを食べて発芽のチャンスを奪ってしまう動物を、以降「種子捕食者」と呼ぶことにする）。しかし、野生ドリアンの一種 *D. oxyleyanus* の種子を壊すことはなく、手に持ったまま五〇メートル近くも移動してから無傷の種子を捨てることもあるため、種子散布者としても機能しているとも書いている。

オランウータンがドリアンの主要な種子散布者であるというのは、本当なのだろうか？　ガルディカス博士による記載は見つけたものの、勉強を進めるにつれて、ドリアンとそれを食べる動物との関係は、どうもそれほど単純なものではないような気がしてきた。そもそも、一言にドリアンといっても、そこにはさまざまな種類が含まれている（ドリアンは、*Durio* 属にふくまれる植物の総称だ）。そして、その果実の形質は属の中でも種によってさまざまなのだ。

勉強してわかったのは、*Durio* 属の樹種は、果実をつける位置と裂開のタイミングから大きく次の三つのタイプに分類できるということだ（意外に知られていないが、ドリアンの固い棘のある外皮は裂開線が入っており、果実が完全に熟すると、外部から力を加えなくても果皮は自然に五つに割れる（写真1・3）。これはすべての種に共通している）。一つ目のタイプは、樹上に果実をつけ、果実が完全に熟すると地面に落ちてくるタイプである。果実は地面に落ちた後、裂開する。市販のドリアン *D. zibethinus* もその一つで、このタイプの果実は、果皮が熟しても緑色のままで、可食部（種衣）が強力な匂いを放つものが多い。種衣は、多くの場合、白色からクリーム色で、豊富な糖分を含んでいる（このタイプを以降では、「白ドリアン」と呼ぼう）。二つ目のタイプは、樹上に果実をつけ、果実は、樹上にとどまったまま、果皮を裂開させる。例外もあるが、このタイプは、果皮は果実が熟すと黄色く変化するものが多い。そして、種衣は、よくめだつ赤で（「赤ドリアン」とする）、匂いが強くなく、また味も甘くないものも多い。三つめのタイプは、かなり奇妙な少数派である。果実は、幹の下方（地上近く）に付く（図1・1）。いかにも熱帯らしい植物だ。現地では、**Durian Kura-Kura** と呼ばれている。**Kura-Kura** とはカメの意味で、現地の人はカメがこの果実を食べるのだという（「亀ドリアン」とする）。

写真1・3　裂開したドリアンの果実．外部から力を加えなくても、写真のようにきれいに割れる．

核リボソームDNAの塩基配列に基づいて推定された

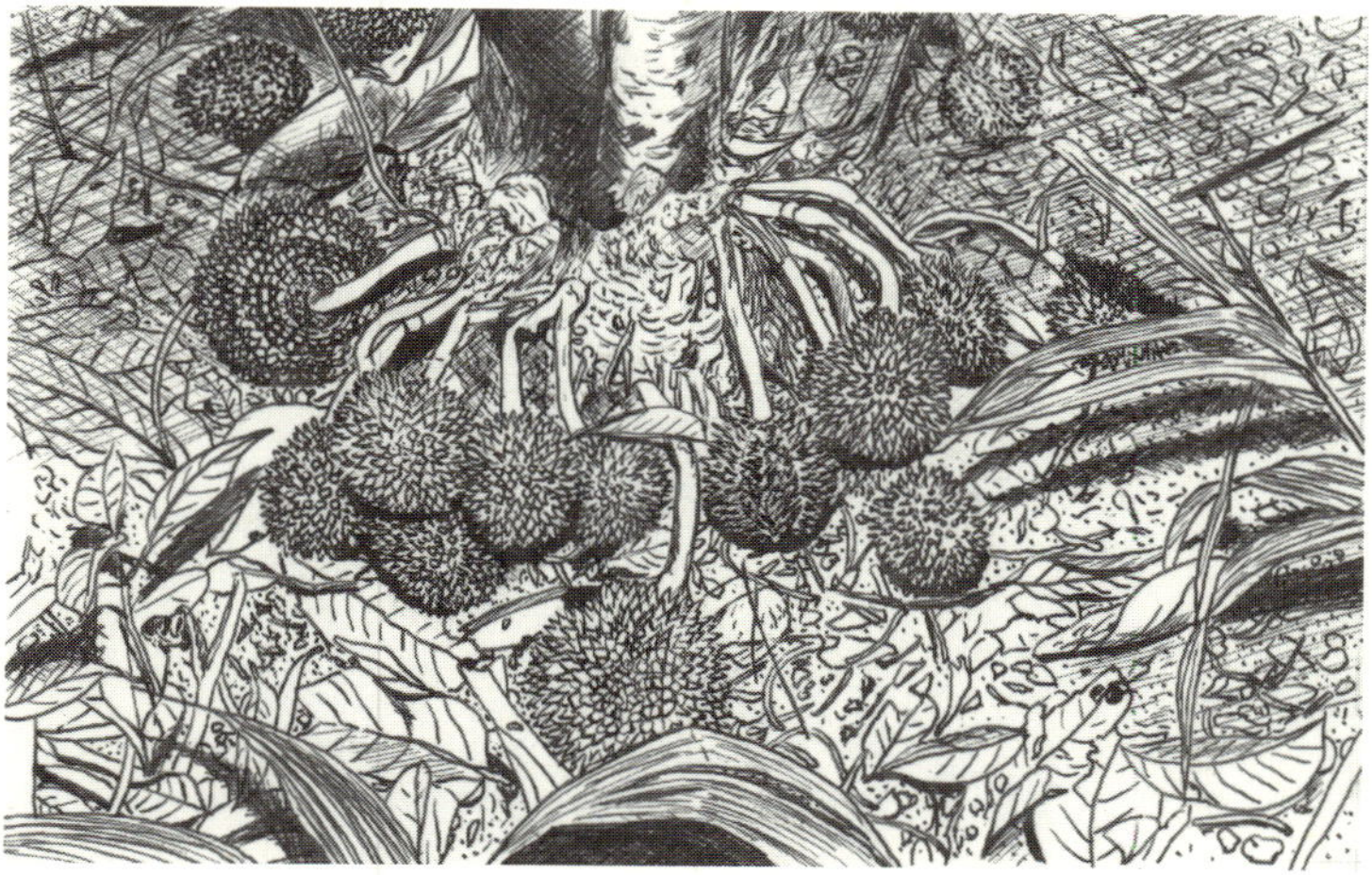

図1・1　現地でDurian kura kuraと呼ばれる*Durio testudinum*の結実のようす．地面近くに果実を付ける．地元の人に言わせると，カメが種子を散布するらしい．

*Durio*属の系統樹によれば、こうした白ドリアンと赤ドリアンの果実タイプの進化は、それぞれ独自に複数回進化してきたらしい（Nyffeler and Baum 2001）。図1・2を見てほしい。一部の例外はあるものの、果実の裂開のタイミングや種衣の色、匂いといった特徴が、一つのセットとなって進化しているのは興味深い。たとえば、赤い種衣は、樹上で裂開するという性質とセットになっている。こうやって詳しくドリアンの果実特性を見てみると、*Durio*属の果実は、「オランウータンにのみに散布される」植物だとは一概にはいえず、種子散布者は果実タイプによって変わるような気がしてくる。たとえば、赤ドリアンの形質は、鳥類による散布が示唆される。白ドリアンも、熟すと地上に落ちてくることからして、樹上性のオランウータンよりも、地上性動物との関係が深いような気もしてくる。

そこで、私は、果実タイプによる種子散布者が異

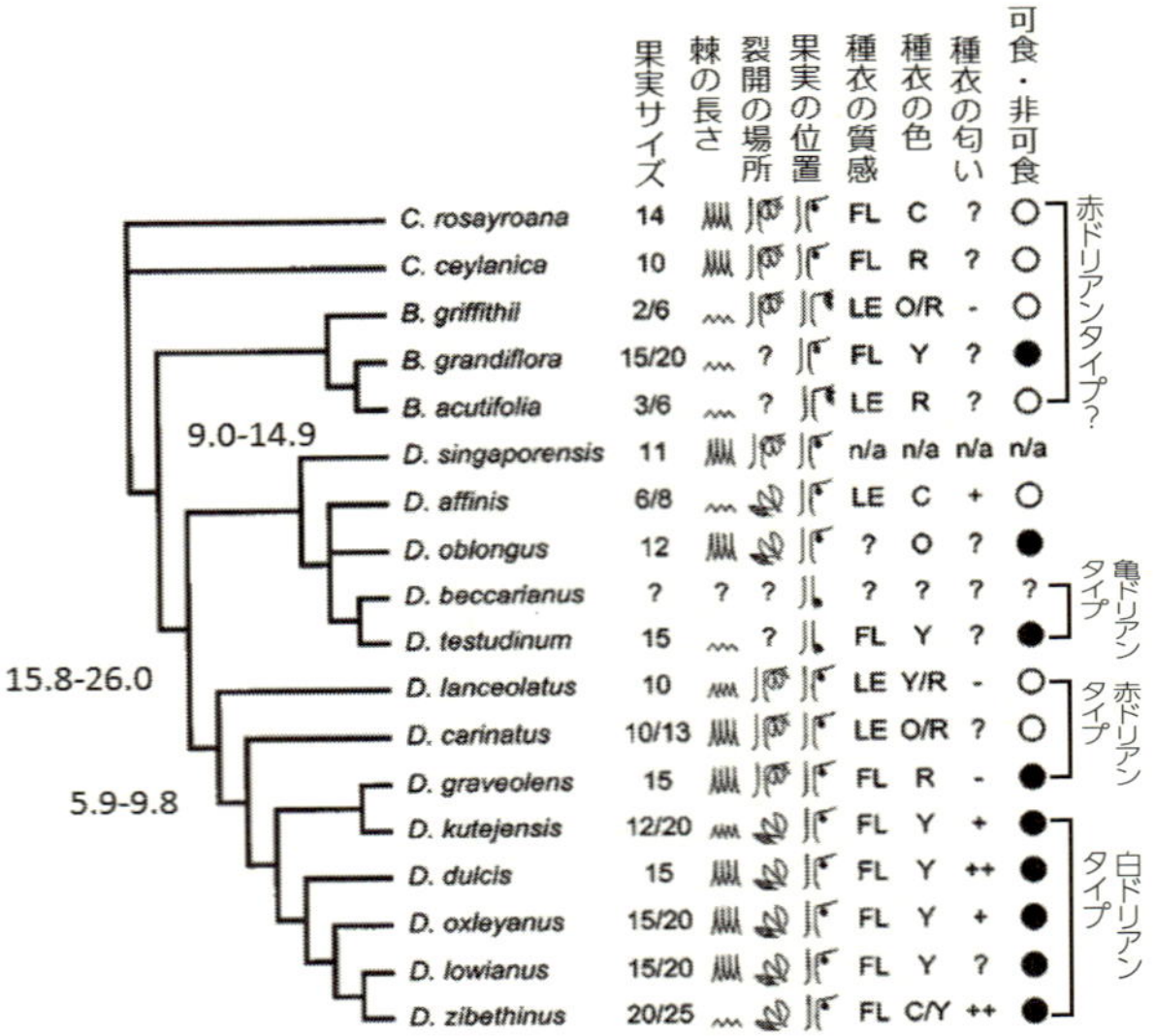
9.0-14.9
15.8-26.0
5.9-9.8

	果実サイズ	棘の長さ	裂開の場所	果実の位置	種衣の質感	種衣の色	種衣の匂い	可食・非可食	
C. rosayroana	14				FL	C	?	○	赤ドリアンタイプ？
C. ceylanica	10				FL	R	?	○	
B. griffithil	2/6				LE	O/R	-	○	
B. grandiflora	15/20		?		FL	Y	?	●	
B. acutifolia	3/6		?		LE	R	?	○	
D. singaporensis	11				n/a	n/a	n/a	n/a	
D. affinis	6/8				LE	C	+	○	
D. oblongus	12				?	O	?	●	
D. beccarianus	?	?	?		?	?	?	?	亀ドリアンタイプ
D. testudinum	15		?		FL	Y	?	●	
D. lanceolatus	10				LE	Y/R	-	○	赤ドリアンタイプ
D. carinatus	10/13				LE	O/R	?	○	
D. graveolens	15				FL	R	-	●	
D. kutejensis	12/20				FL	Y	+	●	白ドリアンタイプ
D. dulcis	15				FL	Y	++	●	
D. oxleyanus	15/20				FL	Y	+	●	
D. lowianus	15/20				FL	Y	?	●	
D. zibethinus	20/25				FL	C/Y	++	●	

図1・2　核リボソームDNAの塩基配列に基づく*Durio*属の系統樹（Nyffeler and Baum 2001を改編）．左側の数字は，推定分岐年代（百万年）．果実サイズ（単位はcm，直径／長さ），果実の棘（細く柔らかい，中間，ピラミッド状で鋭い），裂開する場所（樹上，地上），果実のなる場所（太い枝や幹上部，細い枝の葉腋，幹の基部），アリル（種衣）の質感（FL：多肉質，LE：皮質で乾燥），種衣の色（C：クリーム，O：オレンジ，R：赤，Y：黄色，種衣の匂い（－：なし，＋：わずかにあり，＋＋：強い），人が種衣を食べるか（○：食べない，●：食べる）．

なる可能性を考えて、調査対象種として、白ドリアン、赤ドリアン、（可能であれば）亀ドリアンを研究の対象にすることにした。種子散布者が種によって異なれば、人為的な影響による動物相の変化の影響も異なるかたちででてくるかもしれない。それをとらえられればおもしろいだろう。とにもかくにも、まずは、それぞれのドリアンの種子散布者を明らかにすることが、当面の課題だ。

現地調査の苦労

生態学研究センターの「研究計画発表会」での発表を終えて、私は、いよいよデラマコットに調査に入った。現地には、松林尚志博士（当時 東京農業大学博士研究員）が哺乳類の調査のため滞在されており、私のめんどうを見てくださった。松林さんは、東京工業大学博士課程在学時に、たった一人でボルネオにわたり、サバ州で最初に哺乳類研究を本格的にはじめられた方である。デラマコットでは、中大型哺乳類の研究、とくに草食性動物がナトリウムなどの栄養塩を求めてやってくる「塩場」の研究をされていた。私が所属していた京都大学生態学研究センターには、哺乳類の研究をおこなっている人はほとんどいなかった。ましてや、熱帯雨林の哺乳類の研究者となると皆無だ。松林さんは、ボルネオの哺乳類について専門的なことも相談できる心強い存在だった。

デラマコットには、プロジェクトの研究者用の宿舎が建てられていた（写真1・4）。私も、この一室に寝泊まりしながら調査生活をおくることになった。写真からもうかがえるとおり、宿舎はなかなかりっぱなものだ。一階に物置とクーラー付きの一部屋、二階に研究者用の二部屋と台所がある。研究者用の部屋の天井には、現地で「キパス」と呼ばれる大きな扇風機が付いており、暑い昼も快適にすごすことができるようになっている（晴れた日の正午過ぎは、キパスを回していても暑かったが）。デラマコットには、森林局のスタッフや契約労働者八〇人ほどが常駐しており、一日中、大きな発電機が回されていた。おかげで、コンセントにつなげばパソコンなどの電子機器をいつでも使うことができたし、台所の冷蔵庫で、ジュースやビールを冷やすこともできた。料理は、調査助手エヴィンさん（「コラム　調査助手エヴィン」参照）が、街に出た時に買いためたさまざまな食材を使って料理してくれた。デラマコットは町まで遠く離れた陸の孤島だったが、このうえなく快適な調査・生活環境が用意されていたのだ。

写真1・4　デラマコットの宿舎の遠望.

もっとも、私の場合、デラマコットでの調査生活に慣れるまでには、かなりの時間を要した。現地で使われているマレー語の習得にひじょうに苦労したからだ。それまでの経験から言語習得が不得手なのはよくわかっていたのだが、マレー語特有の事情もあり、今でも思い出したくないくらいたいへんだった（「コラム　海外調査と言語習得能力」参照）。しかし、調査の準備は着実に進めることができた。他のことにとらわれず、淡々と調査を進められるのは、私の数少ない長所の一つかもしれない。

私が最初に取り組んだのは、観察対象とする *Durio* 属の結実個体を探すことだ。ドリアンの仲間の樹木密度は、他の多くの大型果実樹種と同様、概して低い。せいぜい数ヘクタールに一本程度だ。もちろん結実しているのはこの一部だから、さらにたいへんだというることになる。しかし、さいわいなことに、このドリアン探しは、想像した以上の成果があがった。森林局のスタッフから、最初にドリアンの木の場所をいくつか教えてもらうことができたからだ（松林さんが培ってきた森林局スタッフとの良好な協力関係の恩恵にあずかれたわけだ）。教えてもらった木を見て回っているうちに、どんな樹種の密度が高いか、それぞれの樹種がどのような環境に生えているかがわかってくる。樹種ごとに、尾根に多い種、谷でしか見られない種など、生えている場所がある程度決まっていることに気づく。それぞれの種が好む環境をつかんだうえで、森の中を歩き回って探すと、おもしろいように木をみつけることができるのだ。ドリアンの仲間の葉は特徴的なので（太陽光が当たると葉の裏が銀色に反射する）、慣れるとかなり離れた場所からでも見つけることができるようにもなった。エヴィンさんと一緒に森を歩き回り、見つけた結実木の位置を地図上に落とす作業を半月ほど続けた。

最終的に調査対象樹種として選んだのは、「白ドリアン」タイプの *D. zibethinus* と「赤ドリアン」タイプの *D. graveolens* だ（口絵1）。残念ながら「亀ドリアン」タイプの結実個体は一本も見つけることができなかった。デラマコットではかなり低密度なようだ。調査対象とした樹種は、ドリアンの中では比較的密度が高い。図1・2に示したとおり、*D. graveolens* の果実は、種衣が甘いという点で、必ずしも典型的な赤ドリアン・タイプではない。しかし、結実している個体が多かったこと、他の赤ドリアン・タイプの結実個体が少なかったことから、調査対象に選んだ。種衣の味はともかく、口絵2を見ていただければ、「赤ドリアン」と呼びたくなる気持ちもわかるだろう。染料で染めたようにほんとうに真っ赤なのだ。

コラム　海外調査と言語習得能力

海外の調査の向き不向きは、その人の言語習得能力に大きく依存しているように思う。相手の言っていることが理解できない、自分の言いたいことが伝わらないというのは、本当に大きなストレスだ。このストレスを解消できないうちは、なかなか調査に集中できない。最低限の言語能力は、現地調査を効率的に進めていくうえでの必要条件なのだ。

残念ながら、私は、この点、海外調査にはまったくの不向きである。新しい言語の習得を遅らせる大きな能力上の制約があるからだ。ふつうの人は、未知の単語（たとえば、「ガヴァガイ」という単語）を耳にしたとき、その直後であれば、容易に口から同じ音（「ガヴァガイ」に似た音）を発することができるだろう。新しい言語を習得するのにもっとも効率的な方法は、この作業を繰り返しおこなうことだ。しかし、私にはこの単純な反復が、（聞いた単語が日本語であれ別の言語であれ）小さい頃からいちじるしく困難なのだ。聞いた単語の音が、右から左へと抜けていってしまい、けっして帰ってこない。

デラマコットでの公用語・マレー語を覚えるのも、本当にたいへんだった。マレー語は文法的にひじょうに単純な言語なので、単語さえ覚えられれば何とかなる。耳で覚えることができない私は、まずは、辞書などに書かれている単語を目で見て覚えようとした。しかし、これがダメだった。デラマコットで使われているマレー語は、サバ州の方言であり、マレー語の学習用の本や辞書とはかなり違っているのだ。このことに気がついたときには、本当に絶望した（ついでながら、笑えないこの欠陥のために、中学からの英語学習もすべて目で見て単語を覚えてきた。このため、「書けるし意味もわかるが読み方がまったくわからない英単語」というのが、いまだに無数に存在する）。

しかし、言葉を覚えないかぎり、調査にならない。私は試行錯誤を繰り返した。けっきょく、うまくいったのは次のような方法だった。身振り手振りで調査アシスタントのエヴィンさんにお願いして、彼が口にした単語をすべて書いてもらうようにしたのだ。エヴィンさんも、最初はめんどくさがったが、書かないかぎり本当に覚えられないことに途中で気づいてくれたらしい。二人でいるときは、常にノートとペンを用意しておいて、知らない単語が出てきたら、すぐに書いてもらうようにお願いする。いったん文字として書いてくれたら、私はすぐに書けるようにはなる（これは特技の一つだ）。しかし、このままだと書けても発音できない（英語と同じ状態）。なんとか自分でも発音できるように、ローマ字式の発音で、何度も何度も口に出して読む。そうすると、単語の視覚イメージと発音がようやくつながってくる。やがて、エヴィンからその単語を聞いてすぐに、単語の綴りが頭に浮かぶようになる。この過程を何度も何度も繰り返した。マレー語は世界でももっとも簡単な言語とされ、通常なら二・三ヶ月でできるようになるが、私の場合、一年以上の時間が必要だった。

コラム　赤ドリアンの味

私が観察対象とした赤ドリアンの一種 *Durio graveolens* は、種衣に若干の糖分が含まれていて、甘ったるい奇妙な味がする。甘いといっても、白ドリアンと違って、けっしておいしいものではない。野生の白ドリ

アン *Durio zibethinus* は、種衣の量こそ市販のものと比べて少ないが、カスタードクリームのような濃厚な味がする。赤ドリアンの甘ったるさは、人工甘味料のような気持ち悪さがある。

現地の人は、この赤ドリアンは生食せず、調理してから食べる。種衣が付いた種子を丸ごとフライパンの中に入れ、野菜とともに炒める。味付けは、サンバル・ブラチャン（唐辛子のペーストをベースに、発酵したエビのペーストなどを加えて作られる調味料のこと。瓶詰にされて売られており、マレーシアではよく使われる）、ソーヤソース、味の素（サバ州では、どんな料理にも使う万能調味料だ）などを使う。調理すると、奇妙な甘さは薄まり、種衣は、本当にチーズのような味になる。とくに未熟果は美味だ。私がはじめて赤ドリアンを食べたときには、ドリアンと気づかず、ほんとうにチーズが入っているのだと思って食べていた。おそらく、種衣の中には良質なたんぱく質が含まれているのだと思う。森に棲む動物にとって、赤ドリアンは、白ドリアンに負けず劣らず高栄養価の貴重な食資源になっているだろう。

直接観察

対象とする木を決めたら、さっそく直接観察の開始だ。私がデラマコットに着いた二〇〇五年六月頃には、もうドリアンの果実はかなり成長して大きくなっており、動物に食べられた小さな未熟果の破片（果皮の棘）が木の下に散乱していた。ミケリス *Callosciurus prevostii* というリスの一種が未熟な種子を盛んに食べているのだ。ドリアンの果実は数ある熱帯の果実の中でもとくに大きいが、花がついてから果実が成熟するまで、五ヶ月ほどしかかからない。のんびりしていては、果実の時期を逃してしまう。直接観察の目的は、「どのような動物がどのタイミングでやってきて、何個くらいの果実を食べるのか、種子をどのように扱うのか」を記録することである。こうすることで、どの動物が重要な種子散布者・種子捕食者になるのかを定量的に明らかにすることができる。

直接観察で信頼できるデータをとるためには、樹上での動物の行動が十分に把握できるような観察ポイントを探すこと、動物の行動を変えないような観察条件にすること、少なくともこの二つは絶対条件になる。しかし、これら二つの条件を同時に満たすのは、なかなかたいへんな作業だ。ドリアンの樹高は高く、三〇メートルにはなる（写真1・5）。三〇メールというと、ほぼ一〇階建てのマンションに相当する。これだけ高いと、地上から見上げるのは一苦労だ。低木に視界がさえぎられてしまうため、動物の行動を観察す

写真1・5　正面に見えるのが最初に観察対象とした赤ドリアン *Durio graveolens* の木．この木は，うまく林冠全体を観察することができた．

図1・3　観察用ブラインド．ブラインドは迷彩色で，森の中に完全に溶け込んでしまう．

るのも難しい。しかも、オランウータンをはじめとするデラマコットの動物は、人間に対する警戒心がひじょうに強い。観察条件がいい場所が見つかったとしても、樹上からこちらが丸見えでは、本来の行動を観察することができない。つまり、観察場所は、「こちらからよく視界が効いて、むこうからはあまり見えない」という矛盾した要件を満たさなければならないということになる。

二つの条件を満たすために、私がとったのは、視界がもっとも開けた場所に「ブラインド」を設置して、その中から双眼鏡を使って観察するという方法だ。ブラインドとは、日本でも鳥の撮影などに使われている迷彩色の小さな簡易テントのようなものだ（図1・3）。ブラインドには、小さな小窓がつけられていて、望遠鏡や双眼鏡を使って外を覗けるようになっている。この中に入っていれば、大きな音をたてたりしないかぎり、樹上性の動物がこちらの存在に気づくことはない。念には念を入れて、観察地点を結実木から三〇メートルほど離れた場所に設置することにした。

大まかな観察方法を決めれば、さっそく観察開始。それからは、まさに体力勝負だ。観察の開始時刻は、朝の五時三〇分。それに間に合うように、五時前には起きて準備を始める。リュックには、二食分の弁当(昼と夜用)とペットボトルに入れた水二リットル、双眼鏡、おやつ、そしてフィールドノートが入っている。忘れ物がないか確認したあと、ドリアンの結実木まで一人で歩いて向かう。最初に観察対象とした結実木は、宿舎から歩いて三〇分ほどのところにあった。まだ周囲は真っ暗で、夜の虫の電子音がやかましいくらいに響いている。懐中電灯の光を手がかりに、視界の効かない熱帯雨林を歩いて結実木に向かう。慣れないうちは正直怖い。藪から突然飛び出したフクロウの仲間に驚いて、大声を出してしまったこともある。

結実木に到着すると、すぐにブラインドの中に入る(ブラインドは貼りっぱなしにしておいた)。小さな椅子に腰かけて、はるか遠くの樹冠を見つめるのだ。動物の種の同定さえできれば、観察には専門的な知識・能力は必要ない。重要なのは、忍耐力だ。数日もすると、「今日も、観察が始まってしまった」と暗澹たる気持ちになる。果実は未熟のうちは夕方の一八時三〇分、果実が成熟してからは深夜の二四時三〇分まで、延々と結実木の観察をおこなうのだ。動物を警戒させてはいけないから、ブラインドの外に出るのは、できるかぎり慎まなければならない。外に出られるのは、近くに掘った穴で用を足すときだけ。ブラインドは、縦横一メートルほどで、高さも一・五メートルほどの大きさだ。十数時間もこの狭い空間に閉じ込められていると、本当に気が狂いそうになってくる。新興宗教の奇妙な修行のようだ。

ブラインドは、いろんな意味で、なかなかの曲者だった。夜や早朝はまだいいのだが、日が昇るにつれて、ブラインドの中の気温がどんどん上がっていく。換気の良くないブラインド内は、まさに蒸し風呂状態になる。小さな窓はついていて網戸にはなっているのだが、一方向にしかついていないから、風通しはゼロに等しい。暑さに耐えられなくなって網戸を開けると、サシアブが次から次に飛び込んできて、まったく観察に集中できなくなる。気温、湿度がどれくらいか計ってみたら、三八・九度、九六パーセントに達していた。一度、調査アシスタントのエヴィンさんが観察のようすを覗きに来た。しばらくの間、二人で観察していたが、狭いブラインドの中に二人となるともはや地獄のような蒸し暑さになった。さすがのエヴィンさんも、一〇分もたたないうちに、そそくさと宿舎に逃げ帰ってしまうほどだった。

コラム　調査助手エヴィン

熱帯雨林で仕事をする際、多くの場合、現地の人を調査アシスタントとして雇用することになる。日本より人件費が安いし、慣れない森の中で調査効率をあげるためには、現地のことをよく知った人の協力がどうしても必要になるためだ。もっとも、うまい具合にいい人材を見つけないと、アシスタントの勤務管理という余計な仕事に追われ、一人で調査をするよりたいへんな目に合うことになる。

私の修士課程の時の調査アシスタントは、キナバル山の近くの村に住むドゥスン族のエヴィンさんだった(写真1)。デラマコットへも、彼が運転する車で一緒に向かっていた。キナバル山周辺のドゥスン族の人たちは、日本人と顔立ちも似ており、勤勉でアシスタントとしても優秀であることが多い。とくにエヴィンさんは、ひじょうにまじめで、気立てもよかったので、日本人研究者の誰からも好かれていた。おまけに、キナバル山の山小屋で観光客向けのレストランで働いていた経験もあったので、料理もうまかった。人見知りの激しい私も、デラマコット滞在の月日が経つにつれてすっかり仲良くなり、デラマコットでの調査生活に欠かせない存在になった。

調査が休みの日、彼とよく、近くの小川に釣りにおこなった。大きな魚は釣れなかったが、小魚はいくらでも釣れた。また、川の近くでとれるパキスとよばれる食べられる野草が豊富にあった(写真2)。釣った魚やパキスは、エヴィンさんに料理してもらって、昼食の足しにした。それいらい、何人もの

写真 1　自動撮影装置の前にドリアンを設置する調査アシスタントのエヴィンさん.

写真２　食べられる野草パキス.

調査アシスタントを雇ったが、彼ほどまじめに働いてくれるアシスタントには出会ったことがない。ぜひとももう一度会ってお礼を言いたいが、博士課程のときを最後に、彼とは会っていない。彼は今頃どうしているだろうか？　もう結婚しただろうか？　携帯電話などの通信手段が発達した今では、連絡をとろうと思えばすぐ取れるのだが、なんだか気恥ずかしくて、いまだにとれずにいる。彼のことを懐かしく思い出すとき、自分も年をとったなと感傷にふけってしまう。

思わぬ観察結果

蒸れるテントに耐えながらの観察は、しかし、予想もしない興味深い観察結果を届けてくれた。総観察時間は、二種類で合計三八四時間。ドリアンの果実期は短く樹木個体間で重複しているから、観察可能な期間は、せいぜい一ヶ月である。朝から晩までの観察を、一ヶ月間、ほとんどぶっ続けでやっていたことになる(わずか一ヶ月の間に、一〇キロちかく痩せた)。

観察の結果からわかったことは、まず何より、オランウータンはドリアンの果実がとにかく大好きらしいということだ。「ドリアン狂」という言葉がぴったりするくらい、とにかくよく食べるのだ(この点では、これまでの報告と完全に一致している)。

オランウータンがドリアンにやってくるタイミングはなかなかの感動ものだ。

テントで文字どおり死にそうな思いをしながら耐えていると、どこからともなく、木がしなる音が遠くの方から聞こえてくる。しだいに、その音が、ゆっくりゆっくり近づいてくる。オランウータンは、木をみずからの体重でしならせながら、木と木の間を移動する。音が近づくにくれ、緊張がはしる。オランウータンを警戒しないように、細心の注意を払わなければならない。息を殺し、できるかぎりの身動きをやめる。汗が目に入っても、涙で薄まるまで我慢する。

そして、ようやくオランウータンは私の視界に入る。

写真1・6　オランウータンが来た結実木の下には，オランウータンが引き裂いたドリアンの果実(a) や枝先の果実を食べるためにへし折った枝(b) が散乱している．

オランウータンは、周囲を一度見回したあと、ドリアンの木に無造作に登りはじめる。「森の人」とはよく言ったもので、森の中の彼らはまさに寡黙な哲人のようだ。枝にどっしりと座り、果実を力強く手でもぐ。そして、手と歯を使って、固い果実を開く。堅い果皮を割るときの音は、数十メートル離れていている私にもはっきり聞こえる。私はその音を聞いて、身震いする。これまでの苦労がようやく報われたのだ。一つ残さず彼らの行動を記録しよう！

オランウータンのドリアンの食べっぷりは、なかなか見事なものであった。時々休憩をはさみながらも、朝から夕方まで、ほぼ一日中果実を食べ続けるのだ。果実が残っているかぎりは、結実木の近くの木の上で寝て、また朝早くに戻ってきては果実を食べ始める。あるオスは、二日間にわたって果実を食べ続け、

合計一〇九個もの *D. graveolens* の果実を食べることもあった。*D. graveolens* の果実サイズは果皮の直径が一〇センチメートルほどで、市販のものと比べると随分小ぶりではある。しかし、人間にはとても一〇〇個以上の果実を食べきることはできないだろう。オランウータンは、枝先にある果実を除いて（体重の重い彼らは、枝先まで到達できない）、すべて平らげてしまう。枝先にたくさんの果実がついているときには、枝ごとへし折って、果実を手に入れることもあった（写真1・6）。彼らが去った後のドリアンの木は、文字どおり丸はげになってしまう。

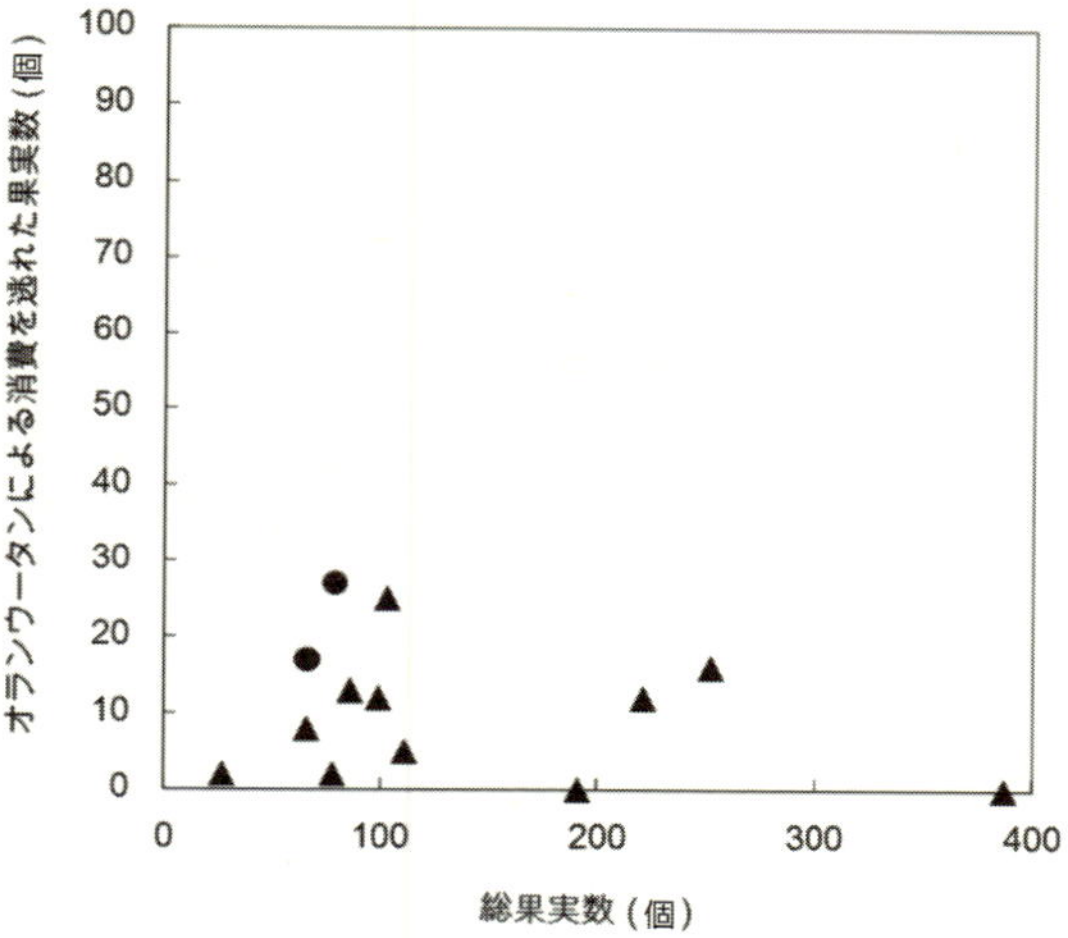

図1・4　赤ドリアン(▲)と白ドリアン(●)の総果実数とオランウータンによる消費を逃れた果実の個数.

　私が驚かされたのは、彼らの食いっぷりだけではなかった。オランウータンは、ドリアンの結実木の場所をじつに正確に把握しているらしいのだ。直接観察の対象にできる結実木は、時間的な制約のために数本に限られてしまう。そこで私は、間接的な方法で、直接観察の対象としなかったドリアンの結実木へのオランウータンの訪問の有無を確認してみることにした。ドリアンの堅い果皮を樹上で割って食べることができる動物は、オランウータンとマレーグマ *Helarctos malayanus* くらいしかいない。直接観

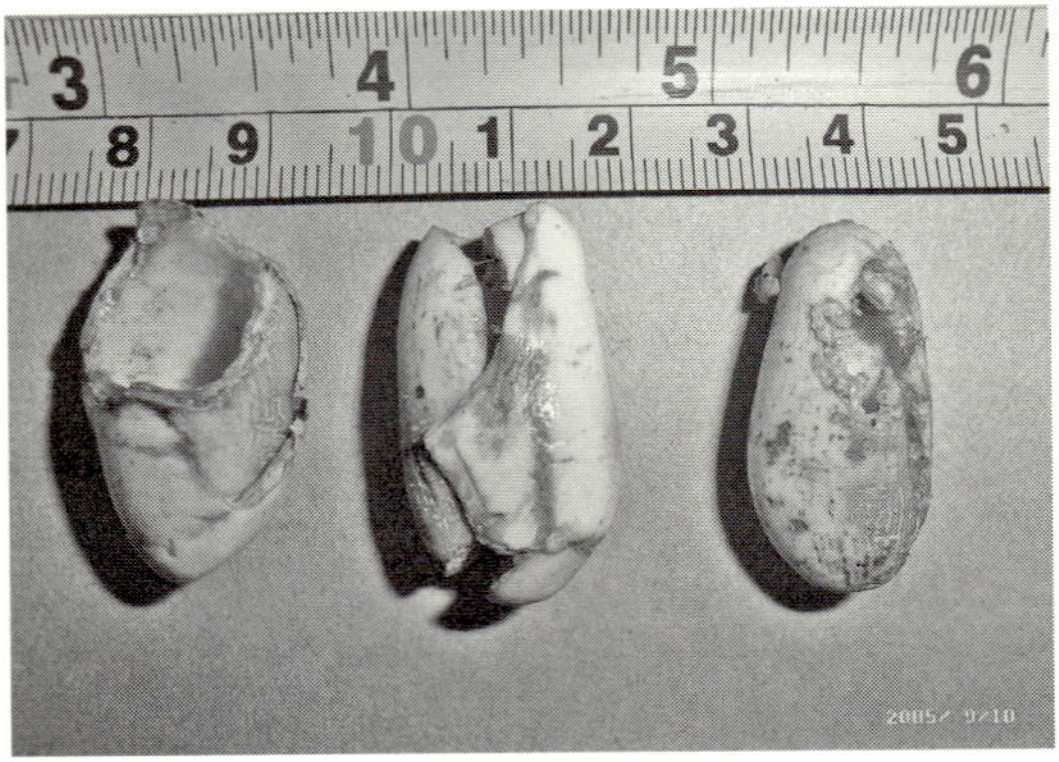

写真 1・7　オランウータンが捨てた未成熟な種子の種皮．オランウータンは，この中身の部分を食べていた．

察をおこなわなかった木でも、木の下に残された果実の堅い外皮、樹上に作られたベッド（オランウータンは休むとき、周囲の枝葉を集めてベッドを作る）、マレーグマが木によじ登るときにつく爪痕の有無の三つを確認すれば、オランウータンがその木に来たかどうかを判定できる。ついでに、地面に落ちた食べられた後の果実数、樹上に残されている果実数を数えれば、オランウータンが消費した果実の割合を推定可能だ。

合計一二本の*Durio*属の木を対象にして、オランウータンの訪問の有無と消費した果実の割合を大まかに推定した結果が図1・4である（二〇〇六年、翌二〇〇七年の二年間のデータを含んでいる）。驚くべきことに、オランウータンは、ドリアンの結実木すべてにやってきて、ほとんどの果実を食べていた。この図の中には含まれていないが、伐採道路沿いの荒れた場所にあるドリアンの木にまでわざわざやってきているのも確認した。オランウータンは、ドリアンの果実があるとなれば、ふだん利用しないような場所までやってくるらしい。彼らがどれだけドリアンの果実を好んでいるのかが、よくわかるだろう。

オランウータンがドリアンの果実をとても好むのは、従来から広く言われてきたことだ。私の観察結果が予想外だったのはここからである。観察を始めた当初、オランウータンは、果実が当然熟してから甘い可食部（種衣）を食べるためにやってくるのだろうと思っていた。もちろんドリアンにとってはそうでなくては困る。熟した果実の中にある成熟した種子を運んでもらう必要があるからだ。しかし、私が観察したのは、①オランウータンは、果実が熟する前に結実木にやってきて、②可食部の種衣ではなく、種子そのものをかみ砕いて食べる姿だった。オランウータンは、手と歯を使ってあの堅い外皮をバリバリとこじ開け、中身の未熟な種子を取り出し、種皮の部分を慎重に口で取り除いて、胚乳の部分をかみ砕いて食べるのである（写真1・7）。当然、オランウータンが呑み込んだ種子は粉々になっており、発芽能力はない。オランウータンが寝た場所の下で糞を採取し内容物の分析もおこなってみたが、糞はドロドロの下痢状便で、種子が入っていることはけっしてなかった。つまり、オランウータンは、ドリアンにとって唯一の散布者どころか、最悪の種子捕食者だったのだ！

コラム　研究仲間の重要性

フィールドワークは、新しい発見をもたらしてくれる貴重な機会だが、肉体的・精神的に疲弊困憊することも多い。とくに、熱帯雨林で（とくに人に慣れた霊長類以外の）哺乳類を相手に研究をするとなると、一つのデータを取得するために膨大なエネルギーをさくことになる。概して、調査は順調に進まず、焦りもでてくる。現地の人との関係がうまくいかなくなったりすると、精神的にまいってしまうことも多い。とくに研究と直接関係のないところで足を引っ張られると、自分がいったい何のためにたいへんなことをしているのかがわからなくなってくる。残念ながら、熱帯雨林で哺乳類の研究を始めた人の大半は、数年の間にやめていく。

フィールドワークでの精神的な負担は、調査上の関心を共有できる研究仲間がいるかどうかで大違いだ。研究の話をほんの少しするだけでも気がまぎれるし、調査へのモチベーションを維持する大きな助けにもなる。私が幸せだったのは、最初の調査で、松林さんと一緒に滞在できたことだ。松林さんは、熱帯での慣れない生活全般をさまざまなかたちで補助してくれただけではなく、研究一年生の私と、研究仲間として対等に接してくれた。(松林さんが書かれた「熱帯アジア動物記」にもでてくるのだが)私は、森の中でおもしろい現象をみつけては、宿舎に帰って松林さんに話していた。松林さんは、真剣に私の話に耳を傾けてくれるばかりか、私の興奮・感動を共有してくれた。そして、松林さんからも、その日みたおもしろい現象を話してくれるのだ。それが、どれだけつらい観察の励みになったかわからない。その後私はデラマコットを離れ、一人で調査をすることになったが、その時改めて研究仲間の存在の重要性を痛感することになった。

ドリアンの種子散布者

オランウータンは、最悪の種子捕食者だ。では、ドリアンの種子は、どのように散布されているのだろうか？　私は、オランウータンの予想外の行動に衝撃を受けながらも、わずかに残された果実を対象にさらに観察をつづけることにした。観察方法にも、多少の工夫を加えた。赤ドリアンの方は、これまでおこなってきた直接観察を地道に続けるしかない。一方、白ドリアンは、果実が成熟すると地面に落下するので、自動撮影カメラを利用できる。自動撮影カメラとは、動物がカメラの前に現れると、その熱をセンサーが感知して、自動で撮影をおこなう装置のことである（写真家・宮崎 学が使っていたのと同じ装置だ）。落ちてきた果実をこの装置の前に集めて設置しておけば、どういう動物が果実を食べに来たかを確認できる。ついでに、私が使っていた自動撮影カメラは、動物がいるかぎりシャッターが切れ続ける仕組みになっていたので、写真をじっくり見れば（動画のように）動物の行動を観察することができた。

果実成熟後の調査からも、興味深い結果を得ることができた。種子散布者に関する結果にも、予想どおりのものと予想外のものがともに含まれていたのだ。

赤ドリアンの果実は、樹上で裂開したあと、クロサイチョウ *Anthracoceros malayanus* という大型の鳥類によって散布されることが確認できた。クロサイチョウは、樹上で裂開した果実から、丹念に種子と種衣をくちばしでつばみだし、丸呑みにしていた。オランウータンとは対照的に、彼らの滞在は、わずか数分にすぎない。一通り果実を食べたあと、大きな翼ではるかかなたへと飛び去っていく。この他に、カニクイザル *Macaca fascicularis* の単独オス、ミケリスなどもやってきた。カニクイザルは、種衣を食べたあと、種子を樹冠下に落とした。一方、ミケリスは、稀に、種子を親木の樹冠下の外へと種子を運び、地上へ落とすこともあった。オランウータンがほとんどの果実を食べてしまったため定量的な評価は困難だが、おそらくクロサイチョウをはじめとするサイチョウ類が赤ドリアンのおもな種子散布者として機能しているらしい（写真1・8）。彼らは、ドリアンのような大きな種子は、一度飲み込んだあと、種子を傷つけることなく（発芽能力を保ったままで）吐き出すことが多い。彼らの飛翔能力を考えれば、相当に遠くまで種子を散布していると考えて間違いないだろう。

一方、白ドリアンは、地上に落ちたあと、カニクイザルやマレーグマ *Helarctos malayanus*、マレーヤマ

写真1・8　赤ドリアンのおもな散布者となっている可能性が高いサンチョウの一種スクロサイチョウ *Aceros corregatus*（撮影：中林 稚）.

写真1・9　白ドリアンの果実を食べにきたマレーグマ *Helarctos malayanus*（a）とマレーヤマアラシ *Hystrix brachyuran*（b）.

写真1・10　ゾウの糞からみつかったドリアンの発芽した種子(撮影：中林 雅).

アラシ *Hystrix brachyura* などによって消費されていることがわかった（写真1・9）。ヤマアラシは、種子じたいを食べにきており、種子の散布に寄与することはなかった。一方、カニクイザルは、種衣を食べたあと、種子はそのまま捨ててしまうのだが、手に種子をもったまま移動することもあった。この結果、短距離ながら親木の樹冠下の外へと運んでいた（これは直接観察中に確認できた）。これとは対照的に、マレーグマは種子を丸呑みにして、無傷の種子を排泄することがわかった。マレーグマが種子を飲み込んだかどうかは、フィールドでの観察からは確認できなかったが、飼育個体の観察をおこなった結果、飲み込むことが確認できた。また、その後の調査から、ゾウの糞からドリアンの種子が確認され、アジアゾウ *Elephas maximus* もドリアン種子の散布に寄与しているのも確認された（写真1・10）。私が考えていたとおり、赤ドリアンは大型の鳥類（サイチョウ類）によって、白ドリアンは大型の地上性哺乳類（マレーグマ、ゾウ）によっておもに散布されていたのである。

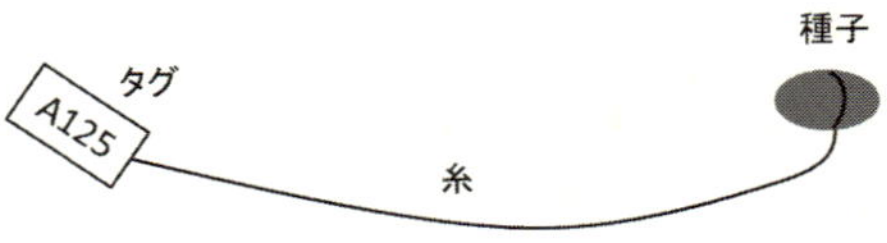

図1・5　糸つけ法の概略図．タグを目印に，二次散布された種子を探す．

ここまでは予想通りといえば、予想通りだ。では、種子散布者に関する予想外の結果とはどのようなものだったのだろうか？　まず、これまでの私の記載に一つだけ修正を加えておこう。オランウータンは、果実がまだ成熟しない段階で訪れ、その種子をかみ砕いて食べたと先ほど書いた。しかし、これには例外があった。観察対象とした一二本の赤ドリアンのうち、二本では、オランウータンは種子を食べずに、地上に捨てていたのである（この場合も、種子を樹冠下の外に運ぶことはなかった）。わずか二例と観察回数は少ないのだが、果実・種子が成熟したあとでオランウータンがやってきた場合には、彼らは種子そのものを食べるのではなく、種子の周りの種衣を食べたあと、種子は親木の下に捨てることもあるらしい（ただし、別の一本では、種子が成熟しているのに、種子を食べていた）。オランウータンが種子を親木の下に捨てた場合、ドリアンの木の下は、種子だらけになる。ドリアンの果実一個には、平均七・六個の種子が含まれている。結実量の多い木では、二〇〇～三〇〇個の果実をつけるから、単純に考えて、少なくとも一〇〇〇個以上の種子が周囲に散らばっているということになる。

問題は、これらの種子の行方である。私は「糸つけ法」と呼ばれる方法で、これらの種子がどうなるかを追ってみることにした。「糸つけ法」とは、文字通り、種子にタグ付きの糸をつけることで、地上に一度落ちた種子が、二次的に移動されることがないかを確かめる方法である（図１・５）。ネズミやリスの中には、種子が大量に供給された場合、短期間に消費できない分を、数メートルから数十メートル離れた場所に運んで、将来食べるために貯食するものがいる。これらの一部の種子はそのまま忘れられ、やがて発芽して実生として定着することもある。日本でも、ドングリなどの種子がこのようにして散布されるという話を聞いたことがあるかもしれない。東南アジアの熱帯域では、森林総合研究所の安田雅俊博士によって、一部のネズミ（オナガコミミネズミ *Leopoldamys sabanus* とスンダトゲネズミの仲間 *Maxomys* spp.）によって二次的に種子が運ばれることが最初に確認されていた（Yasuda 2000）。安田博士は、「糸つけ法」と自動撮影装置を併用して、どんな動物が二次散布・地上での種子捕食に関わっているかを確認したのだ。

写真1・11　オナガコミミネズミ *Leopoldamys sabanus* によって運ばれた種子（a）と、倒木の下に運ばれたあと，発芽・定着した *Durio graveolens* の実生（b）.

私も安田博士と同様の手法で、ドリアンの二次的な散布が存在しないかについて調査してみた。予備的に調査をおこなった段階では、二次散布は確かに存在するものの、ほとんどの種子は数日以内に回収され食べられてしまっていた（Nakashima

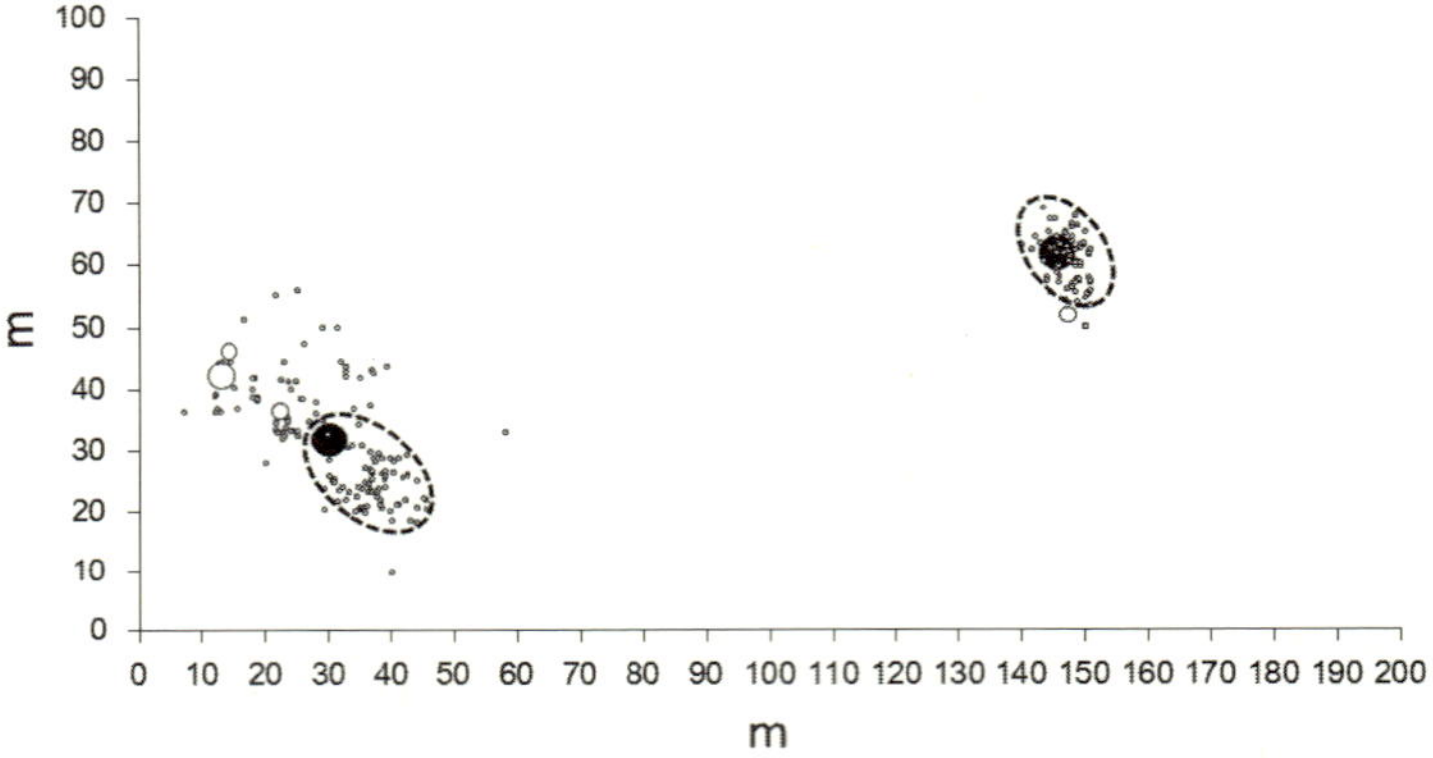

図1・6　2haプロット内のドリアンの分布図(中島，未発表)．親木(●)の周りにも胸高直径5㎝(中サイズの○)や10㎝(大サイズの○)に達するものがみつかった．親木の林冠の範囲を点線で示した．

et al. 2008)。しかし、調査二年目、大量の種子が落とされたドリアンの木の下で四〇〇個の種子を対象に実験をおこなったところ、異なる結果が得られた。まず、種子がなくなる速度が、目に見えて遅くなり生き残るものがでてきた。ネズミなどの種子捕食者が、短期間では食べきれないほどたくさんの量が落ちてきたためだろう(つまり飽食した)。それだけではない。四〇〇個のうち一二〇個(三〇パーセント)の種子は、オナガコミミネズミやスンダトゲネズミによって運ばれ、そのうち一四個(三・五パーセント)は実生として定着することができたのだ(中島、未発表/写真1・11)。そのうちのちょうど半数(七個)は、親木の被陰下を超えた場所まで運ばれていた。

もちろん、こうしたげっ歯類による二次散布が、どれだけドリアンの個体群の維持に寄与しているかはわからない。おそらく、マレーグマなどの大型動物に比べると散布距離は短く、散布の質も高いものではないだろう。しかし、ドリアンの木の樹冠下から少し離れ場所には、こうして運ばれた可能性がある実生が大量に見つかった。二ヘクタールの調査プロットを張って、プロット内の植物個体をしらみつぶしに確認してみたところ、ドリアンの実生は、親木の周辺数十メートルに集中分布しており、三〇メートル以上離れた場所には、一本も確認することはできなかった（図1・6）。しかし、親木の被陰下を逃れた個体の中には、すでに胸高直径一〇センチメートルを超えるような個体も存在していた。ドリアンでは、親木から比較的近い場所でも十分大きく成長できるらしい。さらなる調査が必要だが、「オランウータンが落とした種子をネズミが運ぶ」という二段階の散布がドリアンの更新に寄与している可能性があることを示す結果が得られたのだ（「コラム　げっ歯類による二次散布」参照）。

コラム　げっ歯類による二次散布

「ネズミによって種子を運ばれていた」と言うと、驚かれることが多い。しかし、げっ歯類による二次散布は、温帯林だけではなく、熱帯雨林においてもひじょうに重要であることがこれまでの研究によって明らかにされている（Forget and Vander Wall 2001）。とくに研究が進んでいるのは、中米から南米にかけて生息する大型のアグーチ *Dasyprocta agouti* による二次散布である。アグーチは、体重五キログラムにもなる大型のげっ歯類で、おもに果実や種子を食べて暮らしている。体サイズや体のフォーム、食性などが東南アジアに棲むマメジカに似ており、収斂進化の一例として取りあげられることも多い動物だ。アグーチは、体サイズも大きいこともあって、かなり大きな種子まで運ぶことができる。

おもしろいのは、南米の大型種子植物の種子散布は、現在では、アグーチにかなり強く依存しているらしいということだ。南米には、わずか一万年から数万年前ほど前まで、メガファウナと呼ばれる体重が一トンを超えるような大型動物が生息していた。しかし、気候変動や一万一千年ほど前に侵入した人間の狩猟によってすべて絶滅してしまった。現在の熱帯雨林にも、彼らによって運ばれていたと想像される超大型果実を数多く認めることができる（ただし、当時の気候は現在よりも乾燥しており、メガファウナの多くは、サバンナのような環境に棲んでいたようだ）。「五個以下の大型種子（通常、二センチメートルより大）を含む直径四〜一〇センチメートルの多肉果」あるいは「一〇〇個以上の小型種子を含む直径一〇センチメートルより大きい多肉果」をメガファウナ・フルーツMegafauna fruitとして定義できるという人もいる（Guimarães Jr et al. 2008）。こうした果実をもつ植物は、現在では、アグーチ（や場所によっては、家畜として導入されたウマやブタ）による散布、あるいは地形の影響で転がって種子が運ばれることで、細々と個体群を維持しているらしい。東南アジアには、ゾウやマレーグマなどの大型動物が生き残ったが、彼らが失われると、大型果実の散布過程は似たような状況に陥るかもしれない。

コラム　熱帯雨林にまつわる逸話

ドリアンは、オランウータンによって種子散布されるという物語は、なぜ、これだけ広まったのだろうか？

インターネットで、日本語検索してみると、情報のソースを示さないまま、オランウータンとドリアンの相利的な関係を示した文章にいくらでも出会うことができる。こうした確たる根拠のない話、情報の誇張は、熱帯の産物に関しては数多く見つけることができる。たとえば、ドリアンと聞いて多くの人が連想する匂いについてもそうである。ドリアンの可食部（種衣）には、硫黄が含まれていることが知られており、古くなったドリアンからは、まさに「卵の腐ったような」匂いがする。あるいは、「下水道のような」匂いといってもいいかもしれない。ただ、ドリアンについて、散々見たり聞いたり嗅いだり勉強したりしてきたかぎりでは、匂いの強さも、実際より誇張されている感じがする。もちろん、マレーシアでもドリアンはホテルや飛行機にもち込み禁止になっていたりはするが、少なくもとも、新鮮なドリアンは、それほど悪臭を放つ存在ではない。

写真　キナバル山の近くで撮影したラフレシアの花．ブドウ科植物の根につく寄生植物だ．

松林さんも別のところで書かれているが世界最大の花ラフレシアの「強烈な匂い」も誇張して伝わった話の一つである。ラフレシアの花は確かに大きく、いかにもエキゾチックな感じがする（写真）。しかし、少なくとも私がキナバル山周辺で見た花からは、そんな強烈な匂いを感じなかった（もう一つの世界最大の花スマトラオオコンニャクは本当に強烈な悪臭がするそうなので、この二つの花の情報がどこかで混同された可能性はあると思う）。どのような経緯で、こうした事実と異なる逸話が定着、誇張化が進行するのか、そこには日本人が無意識に抱く熱帯という「異境」の像が無意識に投影されているはずで、社会学的には興味深い事象だと思うがどうだろうか。

ドリアンとオランウータンの関係が示すこと

オランウータンは、ドリアンの「唯一の信頼できる種子散布者」ではけっしてなく（オランウータン＋げっ歯類による二段階散布の貢献はあるかもしれないが）、有効な散布者に分散されるチャンスを奪うという点で、ドリアンが子孫を残すうえで大きな障害となっていることがわかってきた。おかげで、私が思い描いていた研究計画とは、まったく違ったものになってしまった。私の当初の計画では、オランウータンがドリアンの唯一の散布者であることを確認したあと、オランウータンがいる場所といない場所（絶滅した場所）で、ドリアンの分布や実生の生存・成長率、遺伝構造などがどのように違っているのかを調べるつもりだったのだ。

もちろん、私が観察をおこなったのは、デラマコットという一つのサイトの二年間でしかなく、オランウータンの種子の扱いは、年によって、あるいは場所によって変わるかもしれない。実際、サバ州のダナム・バレー保護区でオランウータンの研究をおこなってきた金森朝子博士（現在京都大学霊長類研究所研究員）も、ドリアンの種子の扱いは個体によって変わると書かれている（フィールドの生物学⑪『野生のオランウータンを追いかけて――マレーシアに生きる世界最大の樹上生活者――』東海大学出版会参照）。しかし、さまざまな形態・行動上の特徴から考えても、彼らがドリアンのおもな散布者である可能性は低い。むしろ、彼らの体は、種子食に適応しているように見える。たとえば、彼らの歯は、他の大型類人猿と比べても、エナメル質が厚く、種子のような堅い食物を食べても劣化しにくい（Vogel et al. 2008）。帰国後よくよく調べてみると、東カリマンタンのクタイやスマトラのケタンベでも、オランウータンがドリアンの種子そのものを食べていることが短く記載されていた(Rijksen and Wageningen 1978; Leighton 1993)。また、同じ結実木にとどまって採食を続ける習性からも、仮に種子を吐き出したとしても、種子を親木から離れた場所に運ぶ可能性は低いだろう。

こうした長時間にわたる同一結実木の滞在は、彼らが生息している森林環境の特徴を考えれば、ひじょうに理にかなったものであるようにみえる。これまで詳しく触れてこなかったが、ボルネオ島で優占する混交フタバガキ林は、果実食動物にとって劣悪な環境だ。樹木種の大半が、一～五年に一度だけ、一斉に開花・結実するからだ。一斉開花・結実年は、森には大量の果実があふれ、果実食動物にとって天国なような環境になる。しかし、それは、その後につづく地獄の始まりでもある。次の一斉開花・結実が起こるまで、ほとんど果実が手に入らない期間が何年もつづくのだ。ある研究者は、混交フタバガキ林のことを、「食の砂漠(Food desert)」と表現している(Primack and Corlett 2005)。ドリアンのような霊長類が好む大型の果実をもつ樹種の多くは、一斉開花・結実年にだけ実をつける。私が調査を始めた二〇〇七年は、小規模な一斉開花がデラマコットで起こっており、ドリアンの生り年だったのだ(ただし、デラマコットでは二〇〇八年にも一部の個体で開花結実しており、ドリアンが厳密に一斉開花の年にしか開花・結実しないかは検討の余地がある)。

食不足に落ちいりやすい環境に棲むオランウータンにとって、果実があるときに、あるだけの果実を食べておいた方が有利だろう。実際、オランウータンの採食選択について詳細に研究したレイトン博士の論文によれば、オランウータンは、採食量の最大化を図れるような採食パッチの大きな結実木(≒結実量の大きな木)を選択的に利用するという(Leighton 1993)。また、別の研究は、果実が欠乏する非一斉開花・結実年には、オランウータンは体内に蓄えた脂肪を消費しながら不足するエネルギーを補っていることを明らかにしている(Knott 1998)。これらの観察結果は、オランウータンにとって、果実が大量に手に入る一斉結実年に、いかに多くの果実を食べ、いかに体内に脂肪を蓄積できるかが、その後の非結実年を乗り越えられるかどうかを大きく左右しうることを示す。果実の摂取量を最大にするためには、結実量が多く栄養価の高いドリアンのような樹木に長い時間滞在して食べ続けるのがもっとも効率的なやり方だろう。もちろん、こうした採食行動が可能なのは、彼らの体サイズが大きく、未熟果にふくまれるタンニンやアルカロイドなどの被食防衛物質に対する耐性が強いこと、捕食リスクを最小限にできること(体の小さい動物が同じ場所にとどまりつづけることは、肉食動物に見つかりやすく危険なことだろう)が背景にはあるはずだ。また、移動のコストが大きいことも関係しているかもしれない。いずれにせよ、私が観察したオランウータンの採食行動は十分に理にかなったものだといえそうだ(なお、オランウータンの採食レパートリーが一斉結実年と非結実年でいかに大きく異なるかは、先に挙げた金森さんの本に詳しい。野生オランウータンの生きいきとした生活史も描かれているので、オランウータンに興味がある方は、ぜひ読んでみてほしい)。

しかし一方で、私の観察結果は、ドリアンの立場にたってみてみると、随分不合理なことが起こっているようにみえる。なぜ、ドリアンは、あれだけ堅くて鋭いとげをもっているのか？　オランウータンが簡単に突破できるなら、あれだけ仰々しい果実の形態はまったくの無駄ではないのか？　では、そんな形質をなぜ「進化」させたのか？　こちらはどう考えたらいいのだろう？

あいまいな果実と果実食者の関係性

じつは、私が観察したようなドリアンとオランウータンの「困った」関係は、ある意味では、果実と果実食者の進化的な関係を象徴的に示しているとみることができる。人はしばしば、果実の色、匂い、形、大きさといったさまざまな形質を、現在生息している特定の動物との相互作用の中で進化してきたととらえてしまいがちである。しかし、一九七〇～八〇年代初めの研究によって、そうした特定動物とのタイトな進化的関係は稀であることが、すでに指摘されている（Wheelwright and Orians 1982）。ドリアンの果実特性の進化も、現在のような習性をもつオランウータンがいない環境下、あるいはオランウータンの祖先じたいがいない環境下で起こったと考えるべきなのだ。

もちろん、同様のことは、果実と種子散布者間の関係についてもいえる。たとえば、ドリアンの果実をオランウータンだけが運んでいたとしてみる。すると、この観察結果から、「ドリアンはオランウータンによって種子を散布してもらうために、堅い外皮で種子をくるんでいるのだ」と言いたくなってしまう。しかし、実際には、そうではない。果実の形質の進化は、過去の動物相との関係、種子散布以外の面での厚い果皮をもつことのコスト・ベネフィットを含めた、さまざまな要因に影響される。そもそも、植物が特定の動物種にだけ散布を許すような形質を進化させることは、理屈上まずありえない。その理由は、次のように考えてみると納得できるかもしれない。

ある木本植物の果実の特性が、特定の動物Aによる消費に特化させた形質（たとえば、オランウータンだけが食べられるような果実の特徴）を進化させるためには、少なくとも次のような二つの条件が必要となる。まず、第一に、動物Aが果実を食べ種子を運んだ場合に、他の動物が食べた場合よりも、その植物の適応度（繁殖齢に達することができる次世代の数）が高くなければならない。つまり、他の動物に食べられ散布された場合は短期間で死んでしまうが、動物Aに食べられる場合のみ、高い確率で、親木になるまで生き延びるといった状況が必要だ。第二に、こうした動物Aの特異的貢献が、時間的・空間的に安定して続かなければならない。言い換えると、「ある地域では、動物Aが植物の個体群維持・増大に大きく寄与しているが、別の地域ではそうではない」ということがあってはならない。地域個体群間で遺伝子流動があると、動物Aに最適な果実形質を支配する遺伝子がうまく定着しないからである。さらに、こうした動物Aの特異的な貢献は、十分に長い時間安定して続くものでなければならない。すなわち、動物Aの食べ方、散布の仕方が短期間に変化してはならない。

こうした二つの条件が成り立つ可能性は、ひじょうに低い。仮に動物Aが、実生の定着に有利な場所に散布する習性をもっていたとしても、種子は二次的に別の場所に運ばれてしまうかもしれない（げっ歯類による二次散布もその可能性の一つだ）。仮りにその場で実生として定着できても、木本が繁殖年齢に達するまでの期間、同じ場所が好適なサイトでありつづけるとはかぎらない。森林環境は、時間とともに刻々と変化しているのだ。そもそも、同じ植物個体でも、成長の度合いによって（たとえば実生期と稚樹期で）選好する環境が変わるものも多い。また、動物が環境条件に応じて柔軟に行動を変化させることを考えれば、二番目の条件の成立も厳しいだろう。動物が果実をどのように食べ、どこに散布するかは、食物条件などの違いによっても、大きく変わってくる（Gautier-Hion et al. 1993）。しかも、動物の種としての寿命は、植物と比べてひじょうに短命である。動物Aによる散布が仮に有利であったとしても、よほどその淘汰圧が強くないかぎり、果実形質を最適化させる前に、動物Aは絶滅してしまうかもしれない。あるいは、仮に動物Aにしか利用しにくい果実形質をもったとしても、他の動物たちは、あっという間にその果実を利用できるような形質を進化させるかもしれないのだ（「コラム　送粉系と種子散布」参照）。

少し長いスパンで考えれば、ある植物の種子散布者は、歴史的に複数の動物たちに受け継がれながら現在に至ってきたと考えてよい。今現在問題になっている大型動物喪失による影響も、散布者のバトンの潜在的な受け手が、より小型の動物に限られつつある問題としてとらえることができる（たとえば、南米では、そのバトンの受け手が、アグーチに限られている場所が多いのだ（「コラム　げっ歯類による二次散布」参照）。もちろん、果実形質の進化に、動物の果実選択がまったく無関係かといえばそうではない。実際、鳥散布果実、哺乳類散布果実といった果実シンドロームを定義することができるように、分類群の近い複数の動物種と果実の間には緩やかな進化的関係を認めることはできる（こうした緩やかな果実形質の進化は「拡散的共進化（diffused coevolution）」と呼ばれることもある）。たとえば、ドリアンも、地上性哺乳類におもに散布される種類と、大型鳥類によって散布される種類に分けることができるはずだ。しかし、その関係性は、たとえば送粉系（花と花粉を媒介する昆虫・鳥類との関係にみられるような）特定の動物種との強固な進化的な関係（「コラム　送粉系と種子散布」参照）とは質的に違ったものだ。

コラム　送粉系と種子散布

種子散布系の果実と果実食者の関係性は、もう一つの代表的な動植物間相互作用・送粉系（花と花粉媒介者の関係）とは対照的だ。送粉系では、植物が花の形態などに驚くべき工夫を凝らし、特定の動物種だけが花蜜を効率的に利用できるように進化している事例がみられることがある。

送粉系において強固な進化的関係が発達しやすいのは、（種子散布系とは違って）パートナーを特定することの利益が植物にとって大きいからだと考えられる。たとえば、ある昆虫が、花蜜を求めて、ある植物の花に訪れたとする。他家受粉が成立するためには、花蜜を利用した昆虫が、その花を立ち去ったあと、同種他個体の花を再び訪れることが絶対条件になる。そうしてくれないと、植物は、エネルギーをかけて作った花蜜や花粉を無駄に提供したことになってしまうだろう。これを防ぐためには、植物は、特定の訪問者だけが花蜜を利用しやすいような花の形質を進化させればよい。花が特定の利用者に特殊化されれば、その対象となった利用者（パートナー）は、他の種に利用できない資源をふんだんに獲得できるようになり、その植物を優先的に利用するようになるだろう。そうなると、植物は、その訪問者に適した形質をさらに進化させるだろう。種子散布系では、植物が、果実の利用者を制限することに、直接的なメリットはなかったが、送粉系では、特定の動物種だけに訪問してもらうことが、大きなメリットとなりえるのだ。

研究の方向性

オランウータンとドリアンの関係は、従来言われていたものと違っていた。これはこれで、貴重な観察結果なので、一連のフィールドワークを終えたあと、熱帯生態学の専門誌『Biotropica』というジャーナルに論文として投稿し、ぶじに受理された（Nakashima et al. 2008）。しかし、当初の計画だった「大型動物の種子散布者としての機能の解明、その喪失の生態系への効果の検出」という目論見は、まったく外れてしまった。博士課程へ進学して研究を続けることは決めていたが、そのためには一から研究計画を練り直さなければならなくなった。

北山先生からは、オランウータンによる種子捕食が、ドリアンの個体群動態にどの程度影響を与えているか評価する方向で考えてみたらどうかと提案された。ドリアンは、森の中で低密度でしか生えていない。「これはオランウータンの捕食が足かせとなった結果ではないか」という仮説を検証してみてはどうかということである。しかし、毎年果実をつけるわけではない低密度なドリアンを対象に、個体群動態をシミュレートするために必要なデータを、博士課程の数年で集める自信はとうていなかった。そして、種子散布について多少の勉強を積んだ私は、果実―果実食者間の関係は、これまでとは少し違った角度から研究してみた方がおもしろいのではないかと考えるようになっていた。

これまで多くの研究は、（私がまさにそうだったように）原生状態が保たれた森林で、大型果実と果実食者の関係を「本来の」あるべき姿としてとらえ、失われつつある関係性を記載することに多くの努力を注いできた。生態系保全を意識した種子散布研究が始まったのは比較的最近のことだが、種子散布の研究が本格的に始まった一九七〇年代からの研究の流れを振り返っても、大型果実の散布過程で果たす大型動物の機能に注目したものはじつに多い（もっとも東南アジアでは、原生環境下での種子散布系の研究がはじまったのは最近になってからだが）。私には、種子散布の研究者は、果実―果実食者の間に、（進化的なものではないにしても）タイトな関係を無意識に探そうとしてきたようにもみえる。もちろん、大型動物が失われてしまう前に、そうした「本来の」関係性を記録することの価値は高いことに違いない。少なくともここ数千年・数万年の間、熱帯雨林の形作ってきたのは、まさにそうした大型動物と植物の関係だったはずだからだ。しかし、果実と果実食動物の関係が長いスパンで見て比較的あいまいなものであるとすれば、その関係性をもっと柔軟にとらえる必要があるようにも思えてくる。

もっと多様で豊かな植物と動物の相互関係を、種子散布系らしいロジックでとらえてみたい。私の関心は、徐々にその点に移りつつあった。「大型動物喪失の種子散布系への影響」という当初の私の課題を解決するうえでも、大型動物以外の動物との間に結ばれる多様な関係性を明らかにすることが不可欠だ。たとえば、ネズミによる二次散布の可能性も含めて考えなければ、大型動物の喪失の効果はわからないだろう。そもそも、人手が入った場所では、動物・植物の種相も大きく変わる。原生林と人手の入った森では、同じ植物の種子は、別の種類の動物によって運ばれるかもしれないし、同じ動物が、異なる果実を食べて散布するということもあるかもしれない。だとしたら、そこには、どんな関係性が発達しているのだろうか?

パームシベットへ

そういうことを考えた始めた時点で、もし研究テーマを変えるならば、ぜひとも研究対象としてみたいことがあった。「パームシベットの種子散布者としての機能の解明」がそれだった。

私がパームシベットに注目したのには、二つの理由があった。

一つは、人手の入った環境下でもっとも重要な種子散布者となりうるのが、このパームシベットだと考えられるということだ。東南アジアの果実食—果実食者間の関係については、コーレット博士が優れた総説を発表している（Corlett 1998）。コーレット博士は、長年、タイやシンガポール、香港などで、送粉や種子散布などの研究をおこなってきた著名な研究者である。彼は、その総説の中で、東アジアの熱帯雨林に生息する果実食動物の種子散布者としての重要性を、「人手の入っていない原生状態の森（Intact forest）における重要性」と「人手の入った低質化した場所（Degraded land）における重要性」の二つに分けて、四段階で評価している（Corlett 2002）。この表によれば、パームシベットが属するジャコウネコ科は、

表1-1　熱帯東アジア地域における原生状態を保った森林(Intact forest)と低質化した場所(Degraded land)における各種哺乳類の種子散布者としての重要性(Corlett 2001を改変)

和　名	科　名	人手の入っていない原生状態の森	人手の入った低質化した場所
フルーツバット	Pteropodidae	＋＋＋＋	＋＋＋
マカク	Cercopithecidae	＋＋＋	＋＋
テナガザル	Hylobatidae	＋＋＋＋	
オランウータン	Hominidae	＋＋＋	
イヌ	Canidae	＋＋	＋
クマ	Urusidae	＋＋	
イタチ	Mustelidae	＋	＋
ジャコウネコ(パームシベット)	Viverridae	＋＋＋＋	＋＋＋
マングース	Herpestidae	＋	＋
ゾウ	Elephantidae	＋＋	
バク	Tapiridae	＋＋	
サイ	Rhinocerotidae	＋＋	
イノシシ	Suidae	＋	＋
マメジカ	Tragulidae	＋	
シカ	Cervidae	＋	＋
ウシ	Bovidae	＋	
リス	Sciuridae	＋	
ラット	Muridae	＋＋	＋＋

※＋が多い方がより重要

「低質化した場所」でもっとも重要な役割を果たしていると考えられている(表1・1)。「Degraded land」というのはかなりあいまいな表現であるが、森林伐採、森林の断片化、狩猟などの人為的な撹乱によって原生状態とは異なる状態に置かれた場所と広く捉えてよいだろう。もちろん、撹乱のタイプによって果実食動物が受ける影響も異なるが、これらの撹乱は同時に入ることが多く、人手の入った場所には一定の特徴をもった果実食動物が残ることになる。なお、通常、科学的な論文では、定量的なデータも示さずに、段階評価するようなことはされない。この表が信頼に足るものだと思ってしまうのは、コーレット博士の長年の経験、徹底した文献の読み込みをおこなっている研究者だからである。

パームシベットに注目するようになったもう一つのきっかけは、私自身のフィールドでの体験にある。デラマコット伐採道路には、パームシベットの糞がよく落ちていた。とくに、私が調査をおこなった一斉結実年の二〇〇五年には、伐採道路は、シベットの糞だらけになっていた。そのときのフィールドノートには、わずか伐採道路一キロメートルに、シベットの糞が(古いものも合わせて)一二〇個近くもあったと記録してある。一つの糞の中には、一〇個ほどの種子が含まれている。単純計算すると、一二〇〇個もの種子が道路上に散布されていたということになる。しかも、その種子は、かなり大きなものだった(残念ながら、植物の種はわからなかった)。

この現象を観察したとき、私に一つの仮説が浮かんだ。ジャコウネコ類の糞にこれだけの無傷な種子が含まれていることから、彼らがひじょうに重要な種子散布者として機能していることは間違いないだろう。これらが、本当にパームシベットの糞ならば(デラマコットには、複数のジャコウネコの仲間を含む食肉目が多数棲んでいて、これらとの糞の識別が容易ではない)、大型種子の散布にもかなり貢献できることになる。さらに、これだけの糞が伐採道路に集中してあるということは、彼らが特定の環境に糞をする習性があることを示すコーレット博士の総説にも、「開けた環境(open site)」に糞を選択的にすると書いてあった。彼らによる種子散布は、運ばれた種子の生存や成長に、他の動物とは異なった影響を与えるかもしれない。

パームシベットを含むジャコウネコの仲間は、イヌやネコと同じ食肉目に属する動物だ。「食肉目による種子散布」とは、植物と果実の多様な関係性を描くうえで、ある意味では最適な材料かもしれない。食肉目とは、文字通り、動物の肉を食べるのに適した体の形態をもつ動物の一群をさしており、けっして果実食に特化した動物ではない。しかし、植物の果実と果実食者間の関係性が元来あいまいなものであるとすれば、「食肉目による果実食」が、植物の散布過程にひじょうに大きな貢献をしていたとしてもまったく不思議ではない。撹乱の入った森林における果実食性食肉目パームシベットと果実の相互作用、それは、「共生の森」という美しいイメージとは異なるだろう。しかし、それも多様な熱帯雨林の一つの姿かもしれない。そう考えて、私はパームシベットを対象にした具体的な調査計画を練り始めた。

コラム　資金の入手

パームシベットの研究を始めることは、それなりの覚悟が必要だった。新たな研究にチャレンジするということは、これまでに取得したデータをいったん捨てて、ゼロから再びスタートしなければならない。撹乱林での植物と動物の相互作用を考えるためには、デラマコットより強度の撹乱が入った場所の方がいい。調査地を変える必要もあるかもしれない。さらに、北山研究室は植物学教室に所属していたために、種子散布研究でも動物側にたった研究することは制度上、困難だと北山先生からも言われた。そうなると、博士課程編入を許してくれる研究室を探さなければならない（けっきょく、これがもっともたいへんだった）。

独立して研究をおこなううえで、苦労したことの一つに、研究資金を自分で何とかしなければならないということがあった。調査に行くための旅費や現地での滞在費はおろか、研究に必要な調査機器の購入まで自腹を切るしかない（しかも、それはおそろしく高いのだ）。日本学生支援機構の育英会の奨学金（勿論、要返済）やHOPEプロジェクト（京都大学霊長類研究所、事業番号19-022）から助成をいただいていたが、お金は飛ぶように消えた。学生の身分では、なかなか競争的資金を獲得するチャンスもない。貯金を崩し、アルバイトをし、親からの援助もあって、何とか賄うことはできたが、資金獲得のためにはいろんな努力をした。その思い出の一つを書いておこう。

修士課程二年の一〇月、軽井沢で国際クマ会議が開かれたときのことである。この学会には、マレーシアから著名な研究者が来るので、何としても参加したい学会だった。しかし、いろいろな事情で、研究室からは学会参加費や交通滞在費を出してもらえなかった。国際学会は国内学会よりはるかに高額である。しかも、シーズンは越えているとはいえ、軽井沢はホテル代も高い。とても自腹では払いきれなかった。仕方ないので、私は、ホテルや民宿に泊まることをあきらめ、学会中、バスの停留所のベンチで夜をすごすことにした。

屋外で寝ることじたいは、学部時代に各地を放浪していた経験があったので、慣れたものだ。私は、ひそかに野宿するのを楽しみながら、一日目の夜をすごした。しかし、運の悪いことに、軽井沢滞在の二日目の夜、途中から雨が降りだした。まずいなと思っていると、やがて、雨脚は強くなり、横殴りの雨へと変わっていった。近くに雨宿りできる場所もない。一〇月の夜の軽井沢は、冷え切っていた。私は、シュラフごとずぶ濡れになり、ガタガタ震えながら、朝が来るのをひたすら待っていた。「貧乏ってつらいなあ」と、そのとき、初めて感じたものだ。

何とかこの状況を脱しようと、私は一計を案じることにした。軽井沢にはお金もちの人が多い。もしかしたら、私の調査を支援してくれる人がいるかもしれない。もちろん、半分はやけくそで、半分は「こんなことしましたよ」というエピソード作りだったが、自分の調査の意義とおもしろさ、調査資金の寄付をお願いする文面と自分の銀行口座を記した文書を作成し、近くのコンビニエンスストアで二〇〇部ほど印刷した。そして、軽井沢の別荘宅のポストに片っぱしから入れて回ることにしたのだ。こんな即席の文書で寄付してもらえるほど、世の中は甘くないこともわかっていた。しかし、当時の私は、とにかく必死だった。この軽井沢滞在は、いろんな意味でつらい経験だったが、この滞在中に出会った人の縁で、さまざまな調査器具をすべて無料で譲ってもらえることになったりもした。必死でもがいていれば、必ず幸運が訪れるものらしい。人によっておもしろい研究をするためには、お金なんて関係ないという人もいる。しかし、それは恵まれた研究人生をおくることができたエリート研究者の考え方だ。私の経験からいえば、たとえ少額でも安定した資金がないかぎり、研究へのモチベーションを維持していくことが難しいのだ。

第2章
タビンの森のパームシベット

タビンの森

初めて踏んだタビンの地は、デラマコットの森林とは、まったく異なった印象を与えた。デラマコットを離れると決めた修士課程最後のボルネオ滞在時、指導教員の北山先生にお願いして、サバ州内の他の調査候補地を見にいく許可を内々にいただいた。私の調査テーマからいえば、原生林が残された保護区を調査地にする必要性は必ずしもなかったが、宿泊場所の確保などの現実的な問題を考えると、サバ州政府の野生動物局、あるいは森林局が直轄管理している場所が望ましかった。松林さんにも相談して、パームシベットの密度が高いといわれるタビン野生動物保護区を調査地の第一候補に絞り、実際に足を運んで、最終決定することにしたのだ。

今から考えると非常識きわまりないのだが、私は事前に何のアポイントメントも取らないまま（もちろん誰からの紹介状も持たずに）、サバ州野生動物局ラハ・ダトゥ支局に一人押し掛けた。タビン野生動物保護区は、サバ州政府の野生動物局によって運営されており、実質的な管理は、このラハ・ダトゥ支局を拠点におこなわれている。当時の私は、どのようにすればタビンに入ることができるのかよくわかっておらず、とりあえず直談判するしか方法が思いつかなかった。修士課程の研究は、大きなプロジェクトに守られていて、実際の調査に至るまでのさまざまな事務的なプロセスを経験せずにすんでいた。外国人が調査を開始するたいへんさも理解していなかったのである。

私は、緊張しながら、片言のマレー語で支局長のソフィアン氏（写真2・1）と話をして、調査予定地にタビンを考えていること、今日か明日にでもタビンに下見に行きたいことを伝えた。私は、内心びくびくしていた。外国人研究者は、現地の人にとって、必ずしも歓迎すべき存在ではない。動物の調査が進んだからといって、彼らに直接の見返りがあるわけではないし、研究者の生活のサポートを彼らが引き受けざるをえない場面がどうしても出てきてしまうからだ。前年までタビンで調査をしていたヨーロッパ人研究者は、野生動物局のスタッフとうまくいかず、野生動物局管轄の保護区では仕事ができなくなっていた。しかも、私が聞いたかぎりでは、どちらかというと野生動物局の側に非があるように感じられた。行動が正当なものでも、人間関係を壊したら終わり。交渉も慎重に進めなければならない。

しかし、そんな心配をよそに、ソフィアン氏は、マレーシア政府から正式な調査許可をとってから本格調査を始めることを条件に、あっさりと私の無茶な要求を受け入れてくれた。ついでに、現地にある宿舎に無料で泊まる許可までしてくれた。よく話を聞いてみると、彼はかなりの親日家なのだ。JICA（国際協力事業団）関係のプロジェクトで日本にも来たことがあるばかりか、松林さんとも旧知の仲だった。独特のイントネーションでしゃべるので、言葉が苦手な私は、何を言っているのか理解できないところも多かったが、適当にうなずいていたら一人でもりあがって楽しそうに話しつづけてくれた。ソフィアン氏には、これ以降、さまざま

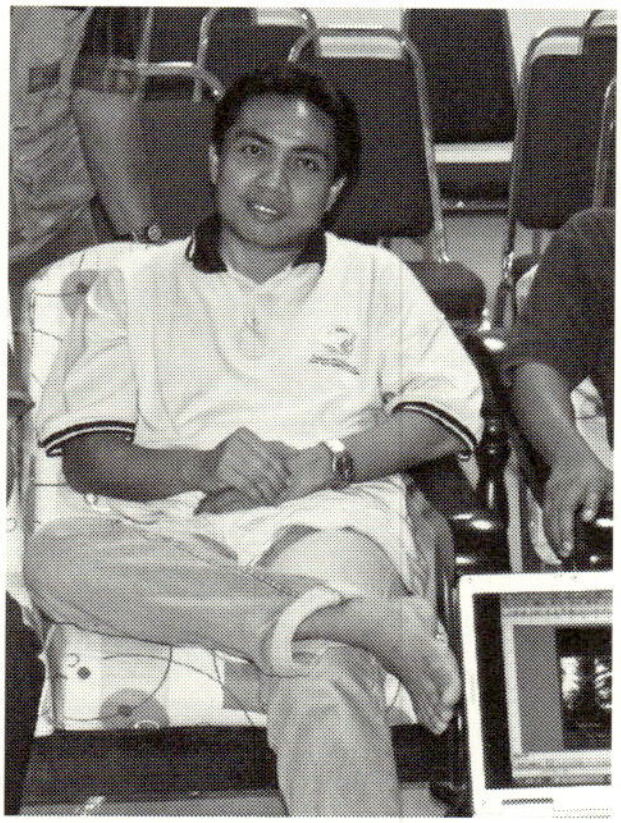

写真2・1　野生生物局ラハダトゥ支局長のソフィアン氏．サッカー好きのナイスガイだ．

写真2・2　デラマコット近くにある広大なオイル・パーム・プランテーション．タビン保護区も広大なプランテーションに隣接していた．

な場面でお世話になることになった。

翌日、現地ダイレクターのデイビッドさんの車で、タビン野生動物保護区にむかった。ラハ・ダトゥからオイル・パーム・プランテーション（写真2・2）の中の道を縫って、車で二時間。タビンに到着である。

初めて見るタビンの森は、想像以上の荒れ具合だった。タビンが保護区に制定されたのは、一九八〇年のことである。その時点ですでに、一部のエリアを除いて、数度にわたる伐採がおこなわれていたらしい。保護区として制定されたあとも、盗伐が盛んにおこなわれ、森林の状態はいっそうひどいものになった。伐採終了後三〇年たった今でも、森林はまったく本来の構造を取り戻していない。ほとんど木が生えておらず、背の高い草本が生い茂っているところもある。しかも、オイル・パーム・プランテーションが目前に迫ってきている（写真2・2）。原生林とは違う果実―果実食者間関係を見るのだと見栄を切っていた私も、実際に森の状態を見てみると、あまりのひどさに少々げんなりしてしまうほどだった。

それにしても、どうもタビンは奇妙な森にみえる。森を歩いてみて、デラマコットの森との違いに驚かされた。森はボロボロなのだが、一部の哺乳類を見かける頻度が異様に高いのだ。たとえば、デラマコットでは、森で霊長類に遭遇することはほとんどない。稀にオランウータン、あるいはもっと稀にレッドリーフモンキー *Presbytis rubicunda* の姿を、高い梢に垣間見る程度だ。しかし、タビンでは、ブタオザル *Macaca nemestrina* が堂々と旧伐採道を横切っている。森には、ヒゲイノシシ *Sus barbatus* も多いらしく、獣道は彼らに踏み荒らされて、足跡だらけになっている（写真2・3）。スタッフによると、私の研究対象となるパームシベットも夜になるとふつうに見かけるという。

写真2・3　デラマコットで撮影されたa）ヒゲイノシシ *Sus barbatus* とb）ブタオザル *Macaca nemestrina*.（写真提供：鮫島弘光）.

特定の動物種が多いのは、一つには、隣接したオイル・パーム・プランテーションの影響らしかった。野生動物局のスタッフによると、これらの動物はいずれもプランテーションに入ってオイル・パームの実を食べているらしい。事実、ヒゲイノシシは、有り余るほどあるオイル・パームのおかげで、ブクブクに太っている。しかし、私の印象では、タビンの「豊かさ」は、プランテーションの影響によるものだけでもないらしい。どうも伐採林における果実生産性が高いようにみえるのだ。前にも述べたように、原生状態が保たれた混交フタバガキ林では、数年に一度だけ、複数の科にまたがる樹種が一斉に開花結実する現象が知られている。このため、原生林には、動物が好んで食べる多肉果は、一斉開花・結実年を除いてひじょうに少ない。しかし、タビンの森では、強度に伐採された結果、樹木構成が大きく変化し、一部の先駆植物（パイオニア植物）が優占する森になっていた。これらのパイオニア植物は、非一斉開花・結実年でも開花・結実するらしく、林床に果実がぼたぼた落ちている。

この数日の滞在だけで、タビンの荒れた森は、デラマコットの森とはまったく違っていることがわかってきた。果実と果実食動物の多様な関係性をみるうえで、このうえない調査地といえそうだ。私は、タビンの森に魅力を感じ、博士課程の調査地をこの保護区にすることを決めた。

コラム　調査許可

独立した個人として研究をおこなうためには、調査を開始するためのさまざま事務的手続きをすべて自分でおこなう必要がある。外国人がマレーシアで調査研究活動をおこなうためには、政府から正式に調査許可（Research Permission）を取得しなければならない。当たり前の話であるが、これが想像いじょうにたいへんだった。

マレーシアは十三の州からなる連邦国家で、それぞれの州に比較的強い自治権が認められている。このため、調査許可の取得も、州政府と連邦政府の両方の承認が必要だった。調査許可の具体的なプロセスはこうだ。まず、クアラルンプールにある連邦政府のEPU（Economic Planning Unit）に連絡をとり、研究内容や意義についてまとめたプロポーザル、調査を遂行できるだけの資金があることを示した証明書（ファンドや奨学金があることを証明する文書）、現地共同研究者からのレター、氏名や年齢を記す指定の書式、顔写真、手続きに必要な額のマレーシアの郵便為替などを提出する。連邦政府のEPUは、州政府の関係機関（私の場合、サバ州野生動物局）に調査許可申請があったことを連絡し、調査をおこなうことに問題がないか諮問する。問題がなければ、その旨を伝えたレターがEPUに返送され、EPUはそれを受けて、調査許可を発行する。残念ながら、長期滞在して調査をおこなうためには、これだけでは終わらない。サバに長期滞在するためには、サバ州の移民局から「Professional Visit Pass」（写真）と呼ばれるビザを取得しなければならない。このためには、共同研究者からのレター、手続きに必要な額のマレーシアの郵便為替、そして、サバ州のEPUからのレターなどが必要になる。移民局に置いてあるマレー語の申請書に必要事項を記入したうえで、これらの書類を提出し、ようやく調査準備ができたことになる（ただし、サバ州の調査許可の取得制度は、最近、大きく変わったらしい。調査を希望する人は、最新の情報を集める必要がある）。

調査許可、ビザを取得するためには、関係機関を本当に何度も何度もまわらなければならない。必要な書類が一つでもそろわないと頑として受け付けてもらえないのはお役所だから仕方がないにしても、書類をとっくの昔に提出していても「書類を失くした」といって手続きがまったく進まないこともあったし、アポイントを事前にとって役所に赴いても、担当者はお休みだと言われることも日常茶飯事だった。さいわい袖の下を要求されることは一度もなかったが（この点は、マレーシアのすばらしいところだ）、こちらに何の非がなくても、なかなかスムーズにはいかないのだ。私の場合、申請から調査許可取得まで、じつに一〇ヶ月を要した。

　余談になるが、（大学の学生という所属先はもっているとはいえ）いざ個人の立場で研究するとなると、人間というものについてなかなか勉強させられることが多い。立場が変わって態度を変えるのは、マレーシア人いじょうに、ボルネオに関係する日本人だ。何の面識もない日本人に、日本人研究者がいかにダメな存在であるかを説教されたりすることもあった。その一方で、苦労する私をさまざまなかたちで支えてくれる人たちが必ずいた。いろいろな苦い記憶とともに、途方に暮れていた私を救ってくれた人たちのこともしっかりと心にとどめている。

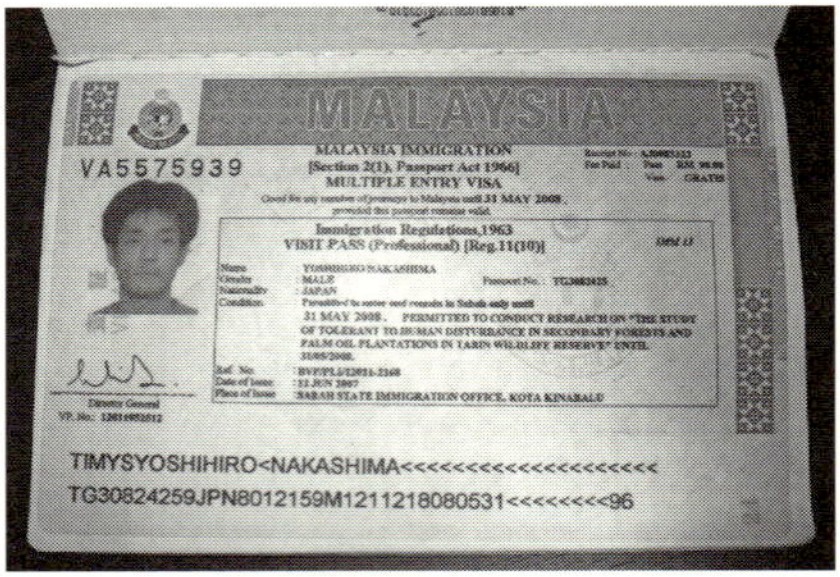

写真　苦労してとったサバ州の研究者用のビザ.

コラム　オイル・パーム・プランテーションと熱帯雨林

オイル・パームのプランテーションの拡大は、熱帯雨林の破壊のもっとも大きな要因の一つになっている。パームオイルは、揚げ物用油、菓子・スナック類のショートニング、インスタントラーメンなどの食用や、洗剤や化粧品、バイオディーゼルなどさまざまな用途に使われており、もはや私たちが、パームオイルが使われた商品を避けることは困難である。世界的にみても、マレーシアは、隣国インドネシアとならんで、パームオイルの一大産地であり、国土の十五パーセント以上を、オイル・パーム・プランテーションが占めるようになっている。バイオ燃料の需要の高まりに伴って、国際価格の推移も堅調であり、今後も一層オイル・パーム・プランテーションの拡大、それに伴う熱帯雨林の喪失が続いていくものと予想されている。プランテーションには、ごく限られた少数の動物種しか生存できない。生物多様性の指標として使われることが多い鳥類や蝶類に関していえば、プランテーションに生息している種数は、それぞれ原生林の種数の二三パーセント、十七パーセントにすぎなかった(Koh and Wilcove 2008)。

マレーシアは、日本人にとって、比較的身近な国の一つであるといってもいいだろうが、そこで起こっていることは、(じつは私たちの生活と密接にかかわっているのに)ふだんの生活ではめったに気に留められることもない。そのことを象徴的に示すのが、日本の大手メーカーが一時期、頻繁に流していたパームオイルを原料とした衣料用洗剤のテレビコマーシャルである。一流大学出身の有名女優がテレビコマーシャルに出演して、「環境にやさしい植物原料」から作った商品であることを強調するのだ。おそらく、「環境にやさしい」をうたい文句にしたのは、合成洗剤に比べて、排水による河川生態系の影響が少なく抑えられるという意味だったと思われる。おそらくそれはある程度まで真実なのかもしれないが、この大手メーカーは、生産現場でオイル・パーム・プランテーションが引き起こしている問題はまったく顧みることがなかったのである。環境NGOなどの活動によって、こうしたテレビコマーシャルの宣伝文句は「環境にも配慮している」などというかたちで弱められてはいるが、熱帯雨林の保全がいかに困難なことであるかを象徴的に示しているといえる。

パームシベット

さて、私が研究対象とすることにしたジャコウネコ科の一種パームシベット(口絵3)とは、そもそもどんな動物なのだろうか? パームシベットは、けっして知名度が高い動物ではないだろう。ふだん研究のことを聞かれたときに名前をだしても、その動物を正確に把握してくれている人は多くない。ときには、「ああ、知ってる、知ってる。友だちが飼っているよ」といわれたりする。驚いてよく聞いてみると、シャムネコと誤解していたり…(シャムネコは、イエネコの一品種)。タビンのパームシベットの生活史の紹介に入る前に、基礎知識を簡単にまとめておくことにしよう。

まず強調しておきたいのは、ジャコウネコ類は、ネコとは別の科に属する動物だということだ。「ジャコウ」「ネコ」と名前がついているのは、英語の俗称 Civet cat を日本語に置き換えたためだ(Civet は「麝香(じゃこう)」を意味する)。もちろん、ジャコウネコ、ネコ、ウシ、ゾウの中で近縁なものを挙げろと言われると、ジャコウネコとネコということになる(両者とも食肉目という目に属する)。しかし、たとえばマングース(マングース科)とネコ(ネコ科)が違うのと同じレベルで、ジャコウネコはネコとは違った動物なのである。

食肉目には、約二八一種の動物が含まれているが、これらの動物は、大きくネコグループ(ネコ亜目 Feliformia)とイヌグループ(イヌ亜目 Caniformia)に分けることができる(図2・1/Flynn et al. 2005)。ネコ科(Felidae)とジャコウネコ科(Viverridae)はこのレベルでは共通にネコ亜目に含まれる。他にネコ亜目に含まれる動物としては、マングース科、ハイエナ科などである（イヌ亜目には、イヌ科、クマ科、アライグマ科、イタチ科などが含まれる。図２・１参照）。ネコ科とジャコウネコ科の分岐年代は古く、約四〇〇〇万年前と推定されている。

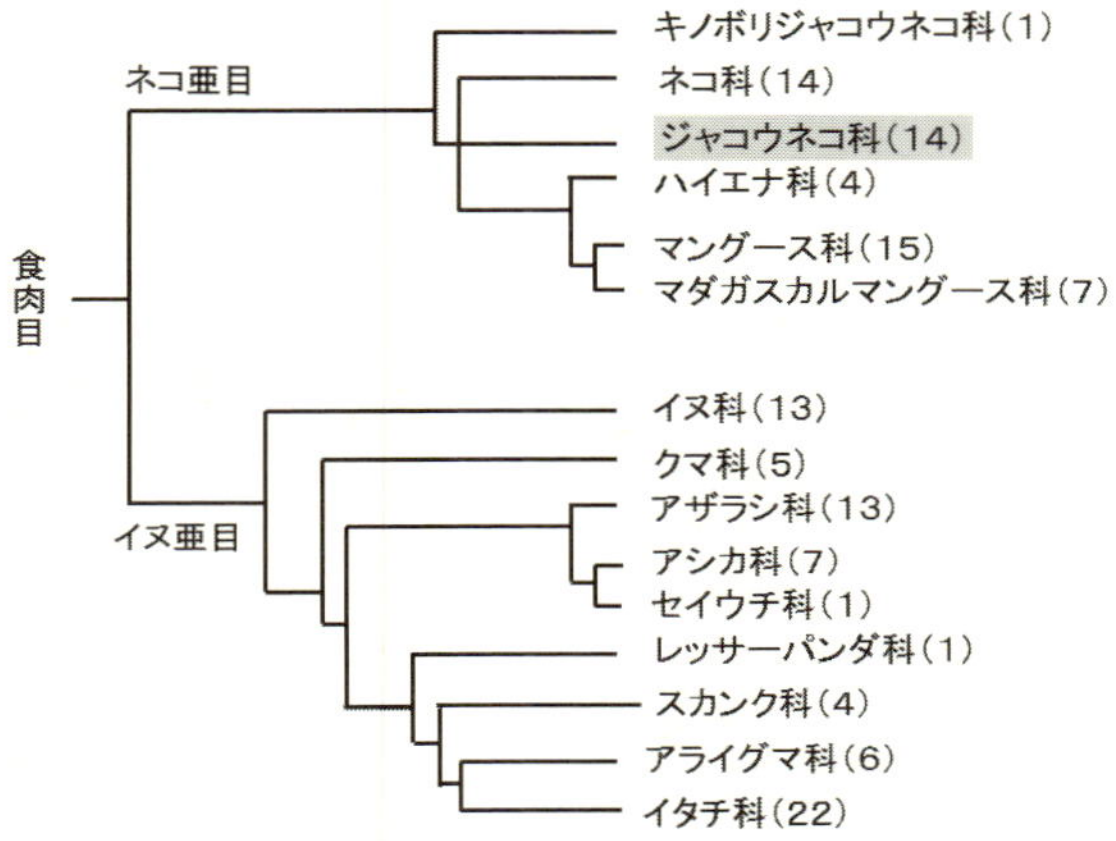

図2・1　分子遺伝学的手法に基づく食肉目の系統樹(Flynn et al. 2005を改編)．カッコ内は含まれる種数．

　ジャコウネコ科には、一四属三四種の動物が属しており、ジャコウネコ亜科（六種）、ジェネット亜科（十七種）、ヘミガルス亜科（四種）、パームシベット亜科（七種）という四つの亜科に分類される（Patou et al. 2008／図２・２）。ジャコウネコ科の系統関係については、フランスの国立自然史博物館のベロン博士らの研究グループによって、今世紀に入ってから集中的に研究がおこなわれ、従来の見解を大幅に見直す結果が発表されてきている。たとえば、アジアの熱帯域にすむリンサン *Prionodon* spp. は、形態的特徴からジャコウネコ科の一種とみなされてきた（写真２・４）。しかし、実際にはネコ科にむしろ近い動物で、現在では独立の科Prionodontidaeとして扱われるべきだという考え方もある。ネコ科との共通祖先から派生したのはかなり古く

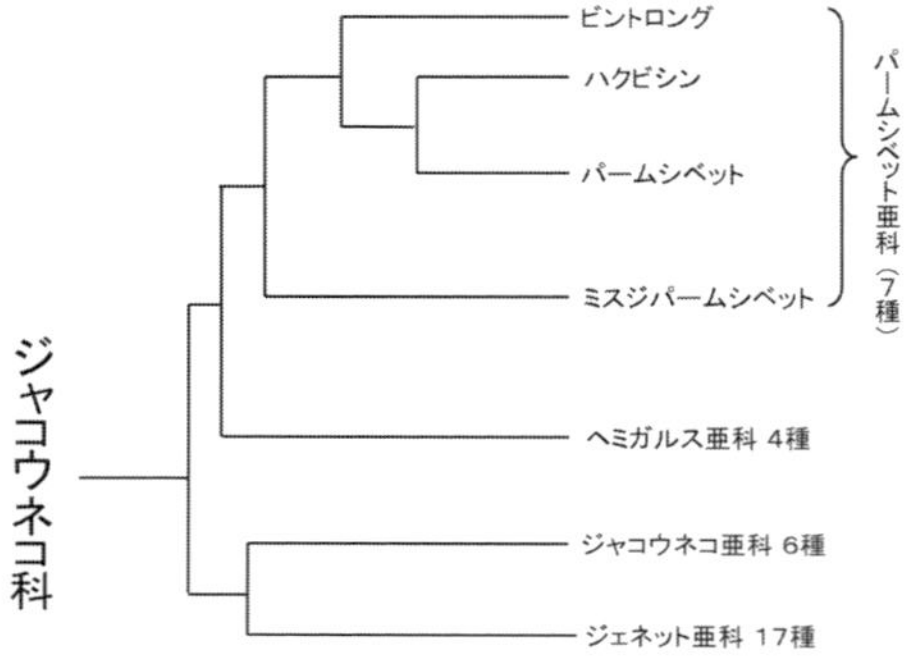

図2・2 ジャコウネコ科の最新の系統樹(Patou et al. 2008). パームシベット亜科, ヘミガルス亜科, ジャコウネコ亜科, ジェネット亜科の4つの亜科からなる. パームシベットは, これらのうち, パームシベット亜科に属す.

写真2・5 ジャコウネコ科の一種ジャワジャコウネコ *Viverra tangalunga*. ボルネオ島でふつうに見かける(写真提供：鮫島弘光).

写真2・4 自動撮影装置で撮影されたオビリンサン *Prionodon linsang*. 密度が低いためか, めったに写らない(写真提供：鮫島弘光).

（約三三〇〇万年前）、祖先種に近い形態から「生きている化石」の一つだとみなされている。おもしろいことに、アジアのリンサンと近縁と考えられてきたアフリカのリンサン *Poiana* spp. が現れたのは、そのはるかあと（約二〇〇〇万年後）で、現在でもジェネット亜科に収められている。ジャコウネコ科の研究は、ようやく研究が始まったばかりで、今後、さらに新しい発見が続く可能性もある。

ジャコウネコ科は、旧世界（アジアとアフリカ）の低緯度地域に見られる動物であり、東南アジアには、ジェネット亜科をのぞく三亜科がみられる。種によって、体の形態や行動上の習性が大きく異なることもジャコウネコ科の特徴で、食物も、昆虫、小動物、果実とさまざまである。たとえば、マレーシベット *Viverra tangalunga* というボルネオ島でもふつうにみられるジャコウネコ亜科の一種（体重五〜一〇キログラム程度、写真2・5）は、昆虫や小動物などをおもな餌資源とする地上性動物である。水辺でのみ観察されるジャコウネコもいて、その名もOtter civet（キノガーレ *Cynogale benetti* / Otterは、カワウソの意、ヘミガルス亜科）と呼ばれる珍妙な格好をした種類もいる（図2・3）。彼らは「水かき」をもっており、カワウソのように巧みに泳ぐことができるらしい。ジャコウネコ科の動物はすべて単独性で、一部の食肉目にみられるような複雑な社会集団をもっている種はいない。また、どの種も夜行性で、ひっそりと暮らしている。ジャコウネコ科に近縁のマングース科の動物は、昼行性のニッチにも進出し、複雑な社会をもっている種もいる。この点、ジャコウネコ科とマングース科は対照的である。

図2・3　ジャコウネコ科の一種キノガーレ *Cynogale benetti*.

残念ながら、いずれの種類も、日本には自然分布していない。しかし、外来種として、台湾から連れてこられたと考えられるハクビシンが定着している（「コラム　ハクビシンの起源」参照）。一方、ボルネオ島は、ジャコウネコ科の動物の種多様性がひじょうに高く、最大七種類のジャコウネコが一つの

写真２・６　ボルネオ島に棲むパームシベット亜科．ビントロング(a)，パームシベット(b)，ミスジパームシベット(c)（写真撮影：鮫島弘光）．

森に一緒に棲んでいる。とくにパームシベット亜科の種数が多い。体サイズの大きい順に、ビントロング *Arctictis binturong*、ハクビシン *Paguma larvata*、パームシベット *Paradoxurus hermaphroditus*、ミスジパームシベット *Actogalidia trivirgata* の四種がみられる（図２・２／写真２・６）。ハクビシンは、標高の高いところに多いようだが、これらすべてを一つの森にみられることも珍しいことではない。

こうやってジャコウネコについて説明しても、やはりピンとこない人も多いだろう。しかし、私たちも、意外なところで、ジャコウネコ由来の産物を利用することがある。有名なのが、香水の原料として使われることだ。ジャコウネコ科の動物は、他の食肉目にもみられるように、肛門の下側に会陰腺（えいんせん）と呼ばれる器官をもっている。この分泌液は、独特の強烈な匂いをもっている。ある論文によれば、「人間の頭皮と陰毛の匂いに似た芳香成分」ということになる（Ward and van Dorp 1981）。ジャコウネコは、この強烈な匂いを岩や倒木などに擦り付けて、自分の存在の誇示や他個体の発情状態の確認など、種内のコミュニケーションに利用しているといわれている。この分泌液（この匂い物質はシベトン Civetone と呼ばれる）は、香水の補強剤や持続剤として利用されており、たとえば、シャネル（CHANEL）の香水（No.5）にもこの成分が含まれているらしい（私には、CHANEL No.5といわれてもなんのことだかよくわからないが）。最近では、シベトンも人工合成ができるようになってはいるが、現在でも、アフリカでは、ジャコウネコの一種アフリカジャコウネコ *Civettictis civetta* を飼育して採取しているらしい。肛門に無理やりへらをつっこんで採取するので、一部の動物愛護団体の非難の対象となっている。

図2・4　シベットコーヒー．糞からとれるコーヒー豆ということで，最近，有名になってきた．外国人観光客用の土産物としても販売されるようになっている．「Black diamond」とは，なかなかのネーミングセンスだ．

もう一つ、ジャコウネコ由来の産物で、比較的知られているのは、シベットコーヒーだろう（図2・4）。シベットコーヒーとは、ジャコウネコ類の糞から回収した豆を使ったコーヒーのことである。世の中にはいろんな研究者がいるもので（そういう自分もその一人だが）、シベットコーヒーの豆と通常豆の間で、その物理的・化学的特性が本当に異なるかについて、大まじめに研究した人もいる（Marcone 2004）。この論文によると、豆表面の特性にふつうのコーヒー豆とは違いが認められたという。シベットの消化管の消化酵素の影響によるのではないかと書かれている。一般には、シベットコーヒーがおいしいのは、ジャコウネコ類が十分に熟した果実を選択的に食べるためだといわれている。後述するように、ジャコウネコ類の習性を考えると、そんなこともあるのかなと思ってしまう。おもしろいことに、ジャコウネコは、コーヒーの実をとくに好んで食べるという。ちなみに、このシベットコーヒー、私も試飲してみたことがある。飲んだ感想は…、本当においしいような気がした。

さて、私が研究の対象としたのは、まさにシベットコーヒーを排泄するパームシベット *Paradoxurus hermaphroditus*、英名で Common palm civet と呼ばれ種類である（口絵3）。パームシベットは、東南アジア全域にわたって、広く分布しており、人里近くでもふつうにみられる。大きさは、イエネコぐらいのサイズだ。近年の形態学的・遺伝学的研究によれば、パームシベットは、地理的に三つの系統に分けられると考えられている。インド亜大陸、中国南部、ハイナンおよび標高二〇〇〇メートル以上のインドシナ地域で一つのグループ、半島マレーシア、ジャワ、スマトラ、標高二〇〇〇メートル以下のインドシナ地域でもう一つのグループ、そして、ボルネオ、フィリピン、メンタワイ諸島のグループの三つである。これらのグループの分岐の年代は、三〇〇万年から四〇〇万年にまで遡るらしい（Patou et al. 2010）。分岐年代が古いこともあってか、体のサイズや模様が、グループによって大きく違っている（参考までに、ヒトの祖先とチンパンジーが分岐したのは、約七五〇万年前のことだ)。

このパームシベットの最大の特徴は、食肉目の動物でありながら、そのほとんどの食物を果実に依存しているという点である。これまで、アジアのいくつかの場所で、このパームシベットを含むパームシベット亜科についての研究がおこなわれている。代表的なものとしては、ベンマー博士らがおこなったスラウェシでのスラウェシパームシベット *Macrogalidia musschenbroekii* の研究(Wemmer and Watling 1986)、ラヴィノビッツ博士がタイでおこなったシベット類四種(パームシベット亜科二種)を対象にした研究(Rabinowitz 1991)、ジョシ博士らがおこなったネパール南部でのパームシベットの研究(Joshi et al. 1995)、ムダッパ博士がおこなったインドGhatsでのジャードンパームシベット *P. jerdoni* の研究(Mudappa 2001)、グラスマン博士らがタイ北部でおこなったビントロング *Arctictis binturong* を対象とした研究(Grassman Jr et al. 2005)、中国でおこなったハクビシン *Paguma larvata* の研究(Zhou et al. 2008)などがある。これらの研究は、いずれも、彼らが(もちろん昆虫などの小動物も食べはするが)果実に対して強い選好性を示すことを明らかにしている。たとえば、インドのジャードンパームシベットでは、発見された一〇〇〇個以上の糞のうち、九七パーセントに種子が含まれていたという(Mudappa 2001)。シベットの糞には通常一品目の食物しか出てこないので、食物の大半を果実に依存しているということになる。彼らは木登りが上手で、果実が熟すると、落ちる前に木に登って食べることができる。

こうして書くと、彼らの生態については十分わかっているように見えるかもしれないが、その食性や行動について十分解明されているわけではけっしてなかった。むしろ、「ジャコウネコ科は、もっとも多様なかたちで適応放散を遂げた種を含みながら、ほとんど研究がなされていない」というのは、論文の常とう句でもある。パームシベットに関しても、とくに、人手の入った森での生活史の研究となれば、ほとんど皆無に等しかった。

コラム　ハクビシンの起源

日本に棲むハクビシンが土着の動物であるか、それとも近年人工的に持ち込まれたものが野生化したのかについては、古くから議論がある。その起源が疑われるのは、(一)分布域が連続しておらず、大陸からの移動経路となる九州や北海道に連続的に生息していないこと、(二)日本ではジャコウネコ科の化石が見つかっていないこと、(三)戦前から戦後にかけて、毛皮を利用するために輸入・飼育されていた時期があることが理由となっている(羽山ほか二〇〇七)。しかし、江戸時代に「雷獣」として描かれているのがハクビシンだという説もあり、在来種か外来種か、長年にわたって議論が続けられてきた。

近年の遺伝学的な研究によって、ハクビシンが外来動物である証拠が得られつつある。二〇一〇年に発表された論文によれば、日本のハクビシンは、台湾起源の可能性が高いらしい。東日本に生息するハクビシンと西日本に生息するハクビシンのミトコンドリアの配列は、それぞれ台湾西部と台湾東部のものと近いらしく、両地域のハクビシンの起源が異なる可能性も指摘されている(Masuda et al. 2010)。

ちなみに、ハクビシンは、SARS(重症急性呼吸器症候群)ウィルスの自然宿主ではないかと一時期騒がれた。この報告を受けて、中国では流通が禁止されるとともに、市場のハクビシンたちは、すべて殺処分されたという。実際には、SARSの宿主は、キクガシラコウモリの可能性が高いことがあとになってわかっている(Wendong et al. 2005)。ハクビシンはとんでもないとばっちりを受けたわけだ。もっとも、無実の罪で殺されたハクビシンたちは哀れだが、市場の彼らは、やがては人の食卓に上る運命にあったはずだ。中国南部では、ハクビシンの肉も、煮込み料理などにしてふつうに食べられているらしい。私の研究対象のパームシベットも、地元の人たちに現在でも食べられている。

調査開始

二〇〇八年の八月、調査許可をようやく取得した私は、いよいよ念願のタビンでの現地調査を開始した。タビンでは、野生動物局が所有する長屋の一室を借りて、スマトラサイの保全NGOの現地スタッフと共同生活をすることになった(写真2・7)。

さいわいなことに、修士課程のときと違い、タビンでの調査生活に慣れるのには、それほど時間はかからなかった。デラマコットでさんざん苦労していたおかげで、苦手のマレー語もそれほど大きな問題ではなくなっていたし、スタッフのほとんどは、私と同じくらいの年齢で、共通の話題も見つけやすかったからだ。ことあるごとに彼らに助けてもらいながら、楽しく調査生活をおくることになった。

タビンの森で着手したのは、パームシベットの基礎的な生態・生活史を明らかにすることだ。初めて

写真２・７　私が滞在していたタビンの宿舎(a) と共同生活をおくっていたSOS Rhinoのスタッフが仕事に向かうところ(b)．写真(b) の背後には，オイル・パーム・プランテーションが見える．

タビンに滞在したときに、通常の混交フタバガキ林とは違って、パイオニア植物の果実が多いという印象をもった。この印象は、本格的な調査に入ってからもまったく変わらなかった。パームシベットが果実をおもな食資源とすることを考えると、これらの果実資源の量と分布の季節や場所による変化は、彼らの食性や行動に大きな影響を与える可能性が高いはずだ。また、隣接するプランテーションには、季節を問わず大量のオイル・パームの実が転がっており、これも彼らの生活に影響を与えているかもしれない。彼らの食性や遊動パターンを知ることは、私のメインテーマである種子散布者としての役割を明らかにするうえでも不可欠だ。

　そこで哺乳類の生態調査の定番ともいえる次の二つの調査をおこなうことにした。まず、一つ目は、果実資源量の調査である。果実の量が、場所によって、あるいは時期によってどのように変わるのかを定量的に把握するのだ。そのうえで、パームシベットの採食物の調査をおこない（二つ目）、果実の資源量の変化がどのようにパームシベットの食物に影響するのかを明らかにすることにした（Nakashima et al. 2010a）。かなり風変わりなタビンの伐採林は、パームシベットにとってどんな環境になっているのだろうか？　まずは、この二つの調査の方法と結果を、さまざまな顛末とともに振り返ってみよう。

果実資源量の調査

タビンの森で果実の生産性は、季節や森林タイプによってどれくらい変わるのだろうか？　過去の伐採は、果実生産性にどのように影響したのか？

私の調査エリアは、この問いに答えるうえで、好都合な環境だった。調査エリアとした宿舎周辺の森林の大半は、過去に数度にわたる激しい伐採がおこなわれていた。しかし、マッド・ボルケーノ（「コラム Mud Volcano」参照）と呼ばれる火山性の泥が噴出する場所の周囲には、ごく狭い断片状の原生林（七四ヘクタール）が残されている（図2・5）。原生林と伐採林の両者で果実資源量の調査をおこなえば、かつての伐採が果実生産性に与えている影響を把握できそうだ。そこで、私は、原生林と伐採林に果実センサス用の調査路を設営し、果実量とその季節変化を追跡してみることにした。

果実資源量の調査は、簡単なようでいて、なかなか一筋縄ではいってくれない。果実の絶対量やその季節変化を明らかにする調査手法として、これまでいくつもの方法が考案されてはいる。しかし、情報の精

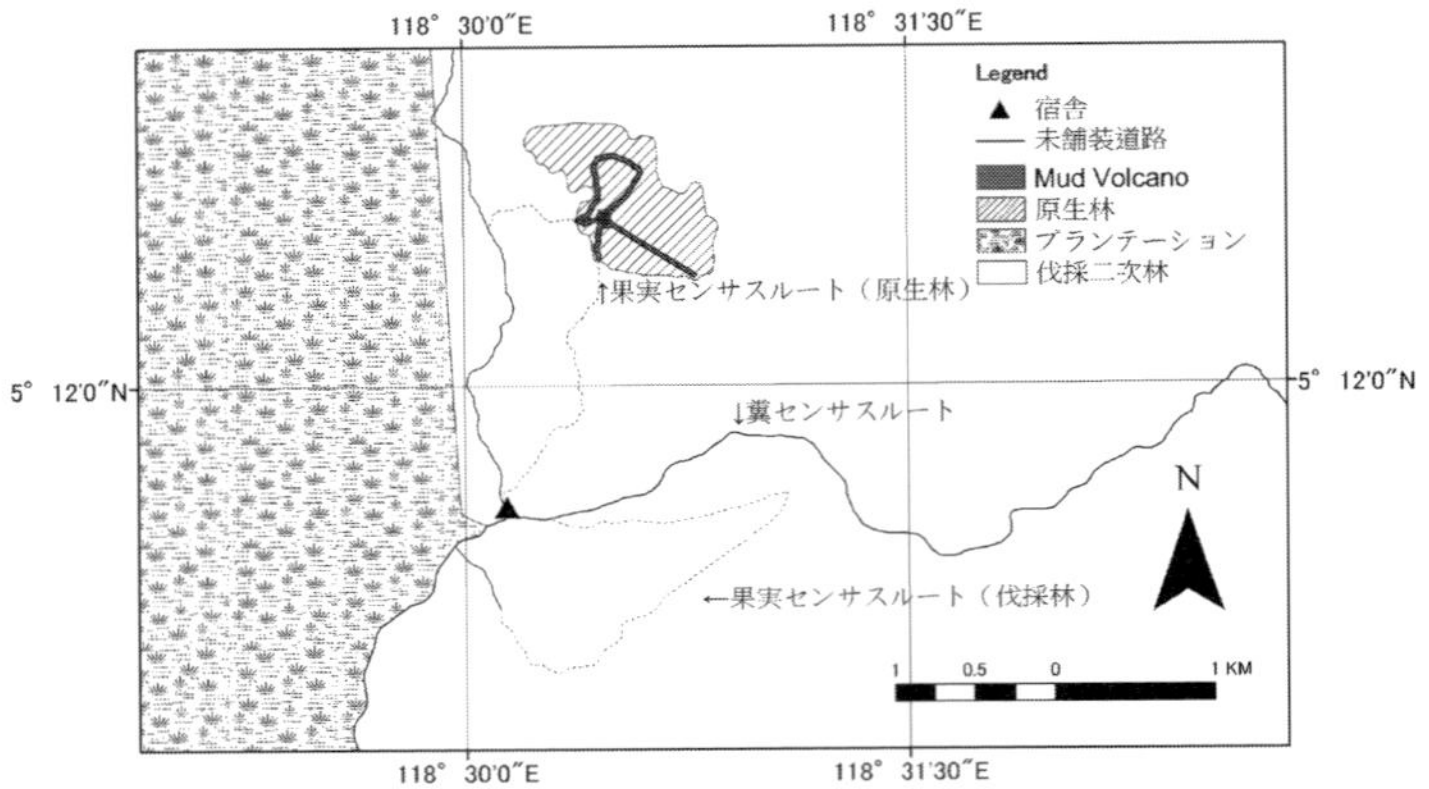

図2・5　タビン野生動物保護区における私の調査エリア.

度と必要な調査努力量が完全なトレードオフの関係（一方が成り立てばもう一方が成り立たなくなるという関係）にあり、最善の調査手法は状況によって変わってくる。

もっとも標準的で優れた方法は、種子トラップ（図2・6）を設置して、定期的に回収する方法である。しかし、この方法は維持するのがたいへんだし、とくにタビンの森では使いにくい事情がある。種子トラップを無造作に置いておけば、いたずら者のブタオザルによってあっという間に壊されたりひっくり返されたりしてしまうからだ。動物が悪さをして調査がうまくいかないというのは、はたからみれば笑い話かもしれないが、フィールド研究者にとってはけっこう深刻な悩みである。とくに相手がブタオザルのような賢い動物になると、対策を打つのも難しい。種子トラップの設置例は、熱帯雨林ではひじょうに限られているが、その理由の一つは、半地上性霊長類やゾウの存在にあると思っている。

もう一つよく使われるのが、樹木一本ごとに林冠を双眼鏡で観察して、果実の有無を確認するというやり方だ。調査を始めた当初、私もこの方法を採用しようとした。そして、実際、トランセクトの設営・樹木種（胸高直径が一〇センチメートル以上のもの）の同定まではけっこうな時間をかけておこなった。しかし、実際に始めると、この方法も問題が多かった。タビンの原生林は、樹高が高すぎて果実がついているかどうかを判断するだけで一苦労だし、伐採林では、樹木にツルが複雑に絡みついており、果実があるかどうかよく見えないのだ。

最終的に私がおこなったのは、もっとも簡略な落下果実センサスと呼ばれる方法だ。これは、あらかじめ調査路を設営して、一定幅に落ちていた果実をすべてカウントするという単純な調査手法である。もちろん、この方法によって得られたデータはあまり信頼ができるものではない。樹種によって落ちやすい果実かどうかは異なるし、落ちる前に動物が樹上で果実を食べてしまうこともあるからだ。それでも、どの時期にどういう種類の果実がなっているか大まかに推定することぐらいは可能である。私の調査の場合、シベットの追跡や糞採取など果実センサスの他にもすることが多かったので、やむをえずこの方法を採用することにした。

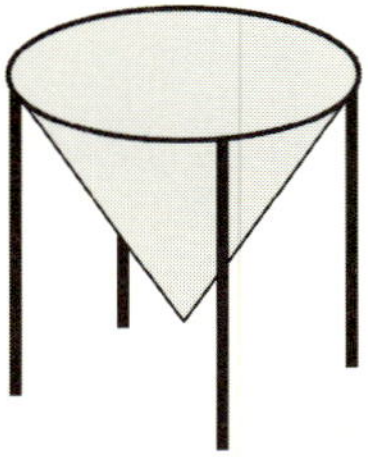

図2・6　果実センサスに用いられるシード・トラップ．口径1mくらいの大きさで，中に入った果実を定期的に回収して乾燥重量を測定する．果実資源量を定量化する優れた方法だが，熱帯雨林では動物にいたずらされやすい．

このもっとも簡略なはずの落下果実センサスも、始めるまでの準備の段階が一苦労だった。タビンの森林のほとんどは、先に書いたとおり、ひじょうに荒れており、林床はまさに藪状態になっている。果実を探す調査路を設営するためには、マレーシアでよく使われるパランと呼ばれる手斧を使って、藪を切り開く必要がある。熱帯雨林の調査では、通常、現地のアシスタントを雇用し、肉体作業を手伝ってもらいながら進めるのだが、個人研究として取り組んでいる私には、人件費の安いマレーシアとはいえ、人一人を雇用するような金銭的な余裕はなかった。当時、サバ州内で人を雇う場合の日当の相場は、一日三〇リンギット(日本円で一〇〇〇円弱)前後だった。一ヶ月単位の給料となると数万円になる。極貧の私には、とても払いきれたものではなかった。当時は、自分一人分の食費を賄うこともやっとの状態だったのだ(満足に肉を食べられないこともあって、ひどいときには、身長一七〇センチで、体重五〇キロぎりぎりにまで落ちこんだ)。

やむをえず、エネルギー不足でふらふらしながら、道を切り開く作業をおこなった。毎日宿舎に帰ってくると体中にひっかき傷ができているし、翌朝起きたときには体がギシギシという。一番つらかったのは、ひどい貧血にみまわれたことだ。パランを振り回しているとめまいがして、突然、目の前が真っ暗になる。森の中で何度も倒れた(倒れてしばらく寝ていると回復したが)。こんな調子だったから、タビンに入って一ヶ月半後、予定していた調査路の設営が完了したときには、うれしくて本当に泣きそうになった。設営できた調査路は、既存のトレイルとあわせて、わずか原生林に一・七キロメートル、伐採林に六・八キロメートル。研究発表をすると、「短すぎるのではないか」、あるいは、「調査トランセクトはまっすぐ切るべきだ」という指摘をされたが、これ以上は現実的に不可能だったのだ。

コラム　マッド・ボルケーノ

タビンには、マッド・ボルケーノ（Mud Volcano）と呼ばれる泥が噴出する場所がある。その周囲五〇メートルほどの場所には、植生が発達しておらず、熱帯雨林の中に突然、広大な裸地が出現することになる。興味深いことに、マッド・ボルケーノには、ゾウをはじめとした大型草食動物が、頻繁にやってきている（写真）。噴出した泥には、豊富なミネラルが含まれており（Mitchell 1994）、動物たちは、その泥を食べることで、不足しがちなナトリウムなどのミネラルを補っているのだ。

タビンは、地理的にはデント半島の南部に位置しているが（「はじめに」の図を参照）、こうしたマッド・ボルケーノが複数あることが確認されている（Haile and Wong 1965）。デント半島の地下では、激しい地殻変動が起こっており、第三紀堆積層由来の泥や塩水が湧き

写真　マッド・ボルケーノを訪れたゾウ.

上がってきやすいらしい。デント半島の地質学的な特徴については、かなり古くから調査がおこなわれている。石油が埋蔵されている場所を探すために、石油メージャーのシェルグループが中心となって、かなり広範に詳細な地質学的な調査がおこなわれたのだ(Reinhard and Wenk 1951)。この文献によると、マッド・ボルケーノは、比較的短命なものらしい。数十年前の過去の空中写真と比べてみると、消滅したマッド・ボルケーノが確認されるということだ。タビンのマッド・ボルケーノは、私が滞在していたころも、地下から泥が湧きでてくるのを確認することができたが、近いうちになくなってしまうのだろうか。

採食物の調査

果実資源量のための調査路設営が一段落してから、パームシベットが何を食べているかを明らかにするための調査を始めた。パームシベットの糞を採取して、内容物の分析をおこなうのだ。パームシベットは、糞を伐採道のような開けた場所にするという不思議な習性をもっている。熱帯雨林に棲む夜行性の動物、しかも単独性のパームシベットは、調査対象としてもっとも難しい動物の一つだが、この習性のおかげで、彼らがどの時期に何を食べているのかを比較的容易に明らかにすることができる。私が調査を始めた二〇〇七年、ちょうど都合よく保護区の中心部へ向かう道が、車が走れるようにきちんと整備された(舗装はされていない土の道　写真2・8)。そこで、月二〇日間、この道路を一〇キロメートル地点までバイクで走って、糞を探すことにした。

写真2・8　シベットの糞を探した調査地．周囲の森が荒れているようすがよくわかる．

果実資源量の調査路設営とは違って、この調査は肉体的には楽な作業だ。一〇キロメートルの道も、バイクで走れば、せいぜい往復二時間ほどしかかからない（「コラム わがバイク・Cornel」参照）。道路は熱帯特有の赤い土壌でできており、糞はよくめだつので、バイクに乗りながらでも比較的容易に発見することができる。糞が見つかれば、ひとまず小さいチャック付き袋に放り込んでおく。これを宿舎まで持って帰り、一部は冷凍庫に保管した後、残りを「ふるい」を使って洗って糞の内容物を慎重に確認するのだ。動物の糞というと汚いイメージがあるかもしれないが、そんなに気になるものではない。糞の中身はほとんど果実そのままで、匂いもほとんどしないからだ。サルやクマなどを対象にした糞分析では、一個の糞に占めるそれぞれの品目の体積比も推定し（たとえば、ドリアンの種子が三〇パーセント、葉が七〇パーセントなど）、それぞれの品目をどの程度の量を食べているかの推定に用いられる。しかし、シベットの糞には、通常、一つの糞には一品目しか含まれていない。このため、私の調査では、ごく単純に、どのような品目が糞に含まれていたかを記録することにした。

糞分析からの採食物の推定も、これだけでは残念ながら終わらない。ボルネオ島は、世界の熱帯雨林の中でも、もっとも食肉目の種多様性が高い場所だ。タビンは荒れた森とはいえ、一〇種以上の食肉目の動物が生息している（よく見られる種類は、ごく限られているのだが）。これらの種は、体サイズも近いものが多く、糞の見た目もひじょうに近い。このため、伐採道路で採取した糞が、どの種類に由来するものなのかを確実に判別することが難しい。糞内容物分析をして、拾った糞の内容物を明らかにしても、それがどの種の採食物なのかを明らかにしないかぎり、データとしての価値は著しく低くなる。これまでに発表された論文には、「糞のサイズや匂いなどを手掛かりにして、種の判別をおこなった」とさらりと書かれていることが多い。多くの食肉目において、糞の匂いは種内コミュニケーションの手段となっており、匂いに種間差があるのは事実かもしれない。しかし、一〇種以上を本当に正確に判別できるのかについては、正直なところ疑問だ。

糞がどの種由来のものかを客観的に判別する手法には、糞の中に含まれる毛を顕微鏡で見て判断する方法（動物の多くは、自分の体をなめて汚れや寄生虫を落とす習性がある。糞の中には、その際飲み込まれた毛が含まれていることが多い）、糞の中に含まれる胆汁の化学的特性の種間差を利用した方法などがある（Ray and Sunquist 2001）。しかし、近年の研究では、ＤＮＡ分析に基づく種判別法が主流になっている。動物の糞の表面には、食物が腸管を通過する際にそぎ落とした腸管細胞がくっついている。この細胞内に含まれる微量のＤＮＡを増幅し、その塩基配列を解読して、その配列情報からどの種由来のものか決めるのだ。種の判別には、コピー数が多く、塩基配列の種内変異の少ないミトコンドリアDNAが用いられることが多い。この方法は、金銭的なコストは他の方法と比べれば高いが、確実な種判別が可能である。

DNA分析の問題は、門外漢にとってハードルが高いことだ。「糞表面に残された微量なDNAをどうやって抽出するか」といった技術的ノウハウはもちろんのこと、そもそも実験設備がないとどうにもならない。食肉目を対象とした実験をおこなっていた国内外の研究者に問い合わせてみたが、多くの場合、冷たくあしらわれた（どこの馬の骨ともしれない学生に対して、世間は本当に冷たい。当然といえば当然かもしれないが）。私にとって辛いのは、共同研究をもちかけられる場合だった。種の判別をおこなってくれる代わりに、私が現地で採取した食肉類のDNAサンプルを提供してくれないかと頼まれるのだ。もちろん、私としては、願ってもない申し出なのだが、私のDNA資料の採取、日本への持ち出しは、あくまで私の個人研究の範囲内でサバ州政府から許可されたものだった。こちらが提供したくても、事前にさまざまな交渉が必要そうだった（今から考えると、そこまで厳密に考える必要もなかったのかもしれないが、個人として研究する弱い立場の私は、調査許可に関わることで下手な規則違反は絶対にできなかった）。けっきょく、すべてのフィールドワークを終了するまで、実験がおこなえるめどはまったく立たないままだった。

実験をする機会に恵まれたのは、ずっと後のことだ。タビンでの一連のフィールドワークを終え一時帰国した二〇〇八年の一〇月から、私が所属する研究室の新しい助教として、井上英治博士が赴任されていた。井上博士は、タンザニアのマハレ国立公園で、チンパンジーの糞からDNAを採取し、父子判定をおこなっておられた。まさにその道のプロである。井上先生と京都大学野生動物研究センターの村山美穂教授にご指導いただき、私もぶじ実験をおこなうことができた。当時、京都大学理学研究科がＧＣＯＥ「生物の多様性と進化研究のための拠点形成―ゲノムから生態系まで」というプロジェクトが動いており、ここから実験に必要な費用を出していただけることになった。修士・博士課程を通じて、私に訪れたもっとも大きな幸運といってよかった（もっとも、実験には、かなり苦労した。肉体的、精神的に過酷だったフィールドワークを終えたあとということで、気が緩みに緩んでしまっていたのだ。村山先生、井上先生にたいへんご迷惑をおかけしながらの実験になってしまった）。

コラム　わがバイク・Comel

私の調査エリアはそれほど大きくなかったが、旧伐採道路上での糞探しなどにはバイクがあった方が何かと便利だった。タビンは公道ではないので、無免許の私が乗っても問題なさそうだ。そこで、タビンの最寄りの町ラハ・ダトゥで、ホンダ製の中古のバイクを七～八万円ほどで購入することにした。その名もComel、マレー語で「かわいい」という意味の愛称をもつバイクである（写真）。

このバイク、エンジンなどは、さすがはホンダ製ということもあってひじょうに頑丈だった。一度、燃料タンクの中に水が混入してしまい動かなくなってしまったことはあったが、それを除けば、まったくエンジンに不調が生じることはなかった。しかし、森の中の小道で使っていたため、何度も何度もパンクした。あまりにもパンクが多いので、タイヤごと交換してみたが、それでも、一向に回数は減らなかった。最初は、パンクする度にバイクに詳しい野生動物局のスタッフに見てもらっていた。しかし、あまりに回数が多いので、しだいに自分でも修理するようになっていた。半年ほどたったころには、パンクを含めたさまざまなバイクの修理を一通り自分でおこなえるようになった。わがComelは走行距離が増えるにつれてどんどんボロボロなっていったが、修理や整備に時間をかけた分だけ愛着がわいた。調査後は、野生動物局に寄付したが、数ヶ月後に戻ってみると見当たらない。誰かが、中古バイク屋に売り払ってしまったらしい。あのぼろぼろのバイクは、今でもどこかで現役なのだろうか。

写真　タビンで愛用していたバイクと修理する調査アシスタントのジョセフさん.

伐採林の果実資源量と採食物

では、果実資源量の調査と糞分析による採食物調査から、どのようなことがわかっただろうか？　これ

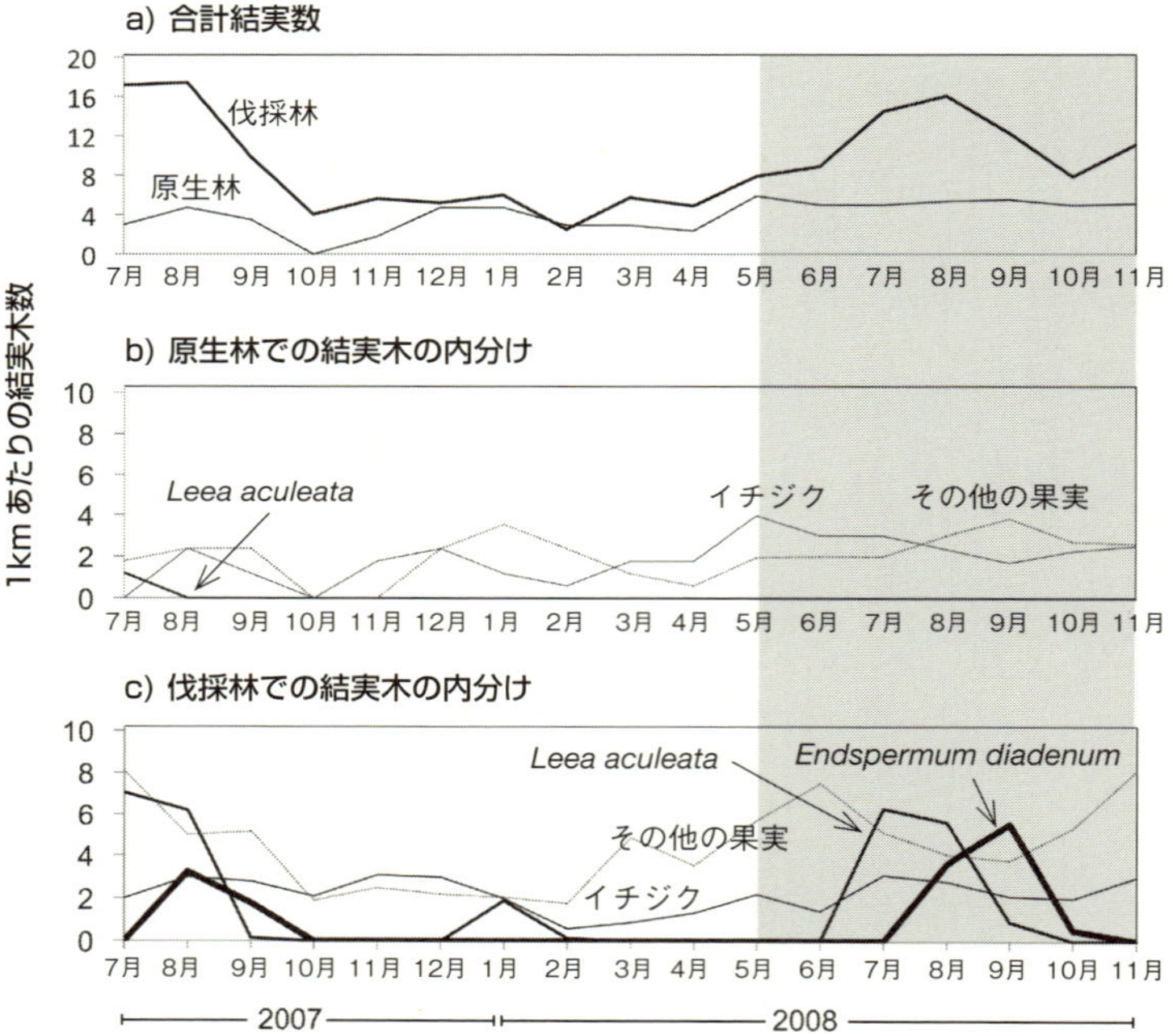

図2・7　タビンの原生林・伐採林それぞれでの1kmあたりの結実木数の季節変化．a) に合計結実木数．b) とc) にその内訳を示す．灰色の網掛のある部分の糞分析の結果が図2・8．

らの単純な調査も、タビンの森の特徴を明らかにするうえでひじょうに有効だった。

わかったことを一言でまとめると、次のようになる。タビンの伐採林は、(一) パームシベットが食べられる果実を安定的に供給していること、(二) 季節によっては、パームシベットの選好性が高い果実が大量に提供されること、しかも、(三) それらの結実頻度はかなり高いという特徴をもつということ。私の第一印象は、おおよそ正しかったことになる。少し詳しくみていこう。

タビンの伐採林は、原生林と比べても、確かに果実が豊富にある環境らしい。図2・7に、調査路一キロメートル当たりでの結実木数の季節変化を示した。この図aから、調査期間を通じて、結実木数は、原生林より伐採林の方が多いことがわかる。とくに、二つのパイオニア植物ブドウ科の *Leea aculeata* とトウダイグサ科の *Endospermum diadenum*（口絵4）の結実期になると、結実木数は、原生林の三倍にまで達する（これらの植物は、後で何度もでてくることになるので、ぜひ名前を覚えてほしい）。一方で、多くの動物にとって重要な食資源となることが知られるイチジク *Ficus* spp. は、少し違ったパターンを示す。原生林・伐採林ともに比較的安定した結実を示し、両者の間で大きな違いはない。ただし、イチジクの中には道沿いだけに多く生えている種類もあり、伐採林の結実木数は実際にはこれより高い（道沿いは調査エリアにあまり含まれていない）。結実木当たりの果実数に原生林、伐採林で顕著な違いは見られなかったので、全体としてみると、伐採林の方が、原生林よりも、年間通して高い果実生産性をもつと考えて

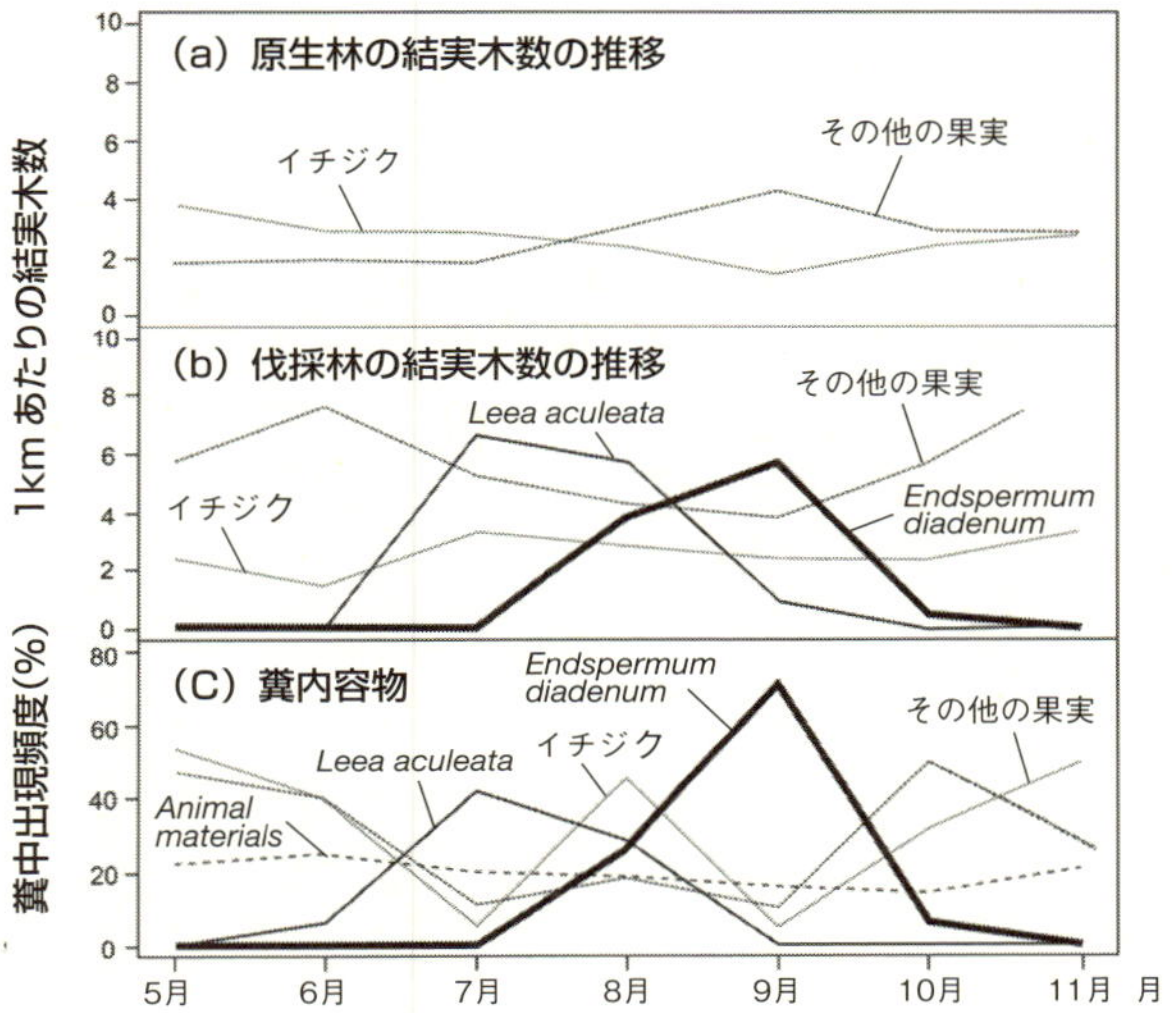

図2・8　タビンの原生林・伐採林の果実の1㎞当たりの結実木数と糞内容物の季節変化.

よいことになる。

もちろん、伐採林の果実生産性が高いからといって、「伐採林は、パームシベットにとって優れた食物環境になっている」とはかぎらない。パームシベットは、特定の果実を選択的に食べていると考えられている(Mudappa 2001)。パームシベットにとっての伐採林の価値を明らかにするためには、彼らの採食物を、その季節変化を含めて詳しくみていく必要がある。

では、糞分析による採食物調査の結果から、どのようなことがいえるだろうか。図2・8に、DNA分析の対象とした七ヶ月分の、伐採林における調査路上の結実木数、採食物の糞中出現頻度の季節推移を示した。この図から、次の四つの傾向を見出すことができるだろう。(一)パームシベットは、ふだんはイチジクの果実をおもに食べているが、(二)二種類のパイオニア植物 *L. aculeata* と *E. diadenum* が豊富な時期には、イチジクの果実は利用可能なのにもかかわらず消費量が低下し、これらパイオニア植物の果実をおもに利用するようになる。また、(三)二種のパイオニア植物の結実期には、落ちている糞の量じたいが大きく増加する。さらに、(四)果実以外の昆虫などは、季節を問わず利用しているが、調査期間全体を通して果実をおもな食資源にしている。これら四つの特徴から、何がわかるだろうか? 他の調査地の研究結果を参照しながら考えてみよう。

まず、(四)の結果から、タビンの伐採林では、パームシベットが食べる果実が、比較的コンスタントに提供されているということが示唆される。中国の湖北省にある自然保護区では、Zhou博士らが、パームシベットの近縁種ハクビシン(*Paguma larvata*)を対象として、採食物の季節変化を調べている(Zhou et al. 2008)。この保護区では、モモやビワといった栽培果実が容易に手に入る。しかし、一月から三月には

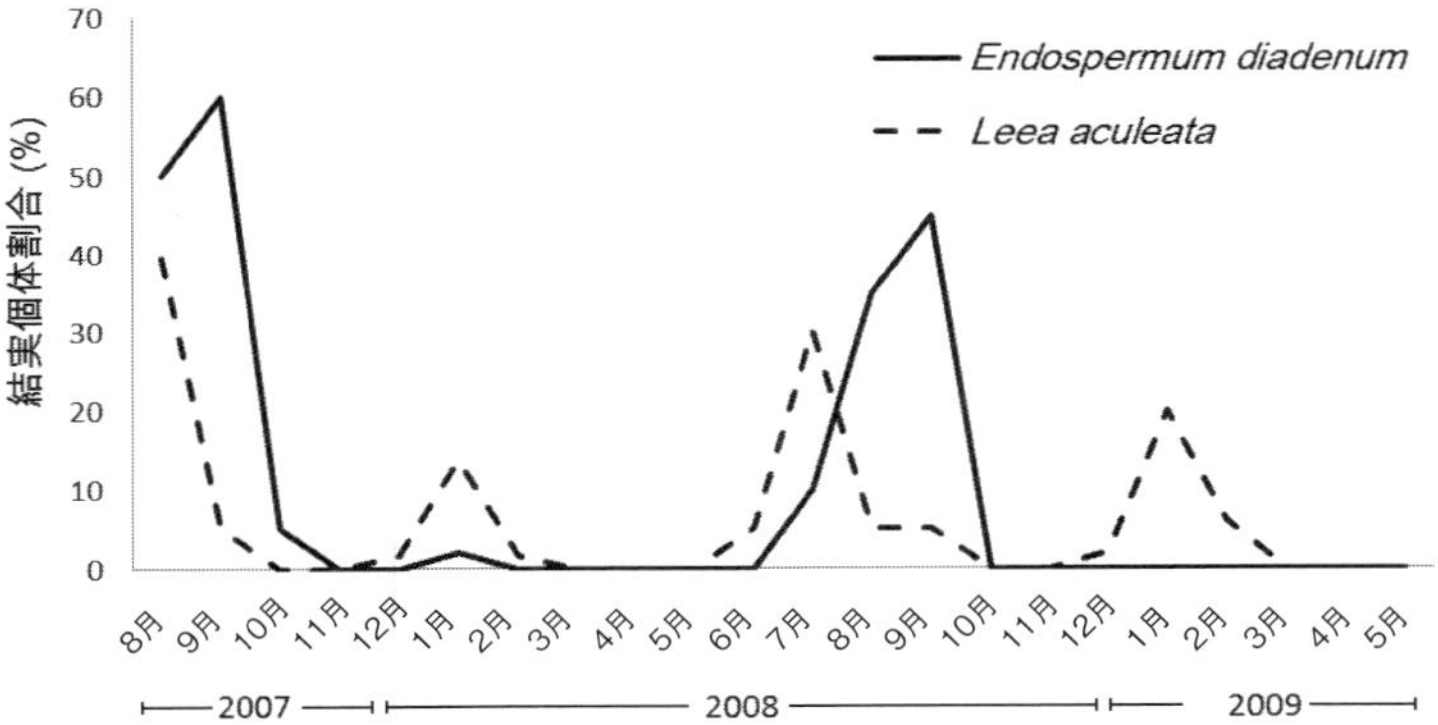

図2・9　*Endosperumum diadenum*20個体と*Leea aculeata*58個体の約2年間の結実フェノロジー(中島 未発表).

ほとんど栽培果実はなくなるらしい(彼らの調査地は、屋久島とほぼ同じ経度にあり、この時期は冬にあたる)。ハクビシンは、ふだんは栽培果実に強く依存しているが、果実が手に入らなくなると、鳥類などの小動物に採食物を完全にシフトさせる。ミャンマーで研究をおこなったJoshi et al. (1995) も同様に、パームシベットが、果実の少ない時期には、昆虫を食べるようになったことを報告している。すなわち、ハクビシンやパームシベットは、果実が本当に欠乏すれば、採食物を小動物にスイッチング(切りかえ)することができるということだ。しかし、タビンでは、むしろ、季節性の高いパイオニア果実と低いイチジクとの間のスイッチングが見られた。このことは、タビンのパームシベットは、イチジクに依存することで、昆虫や小動物に大きくは依存せずとも、年中すごしていけることを示しているといえるだろう。

それにくわえて、(二)の結果からは、タビンの伐採林は、「年二回、選好性の高い果実が容易に手に入る環境になる」とも言えそうだ。イチジクから二種のパイオニア植物のシフトは、パームシベットが、*L. aculeata* と *E. diadenum* の果実に対して、イチジクに対してよりも強い選好性をもっていることを示している。イチジクは、年中利用可能である反面、果実のもつ栄養価は必ずしも高くない(Shanahan et al. 2001)。一方で、*L. aculeata* や *E. diadenum* の熟した果実には、食べてみるとひじょうに甘い。豊富な糖質が含まれているのだろう。これら二種については、*L. aculeata* 五〇本、*E. diadenum* 二〇本を対象として、約二年間の結実モニタリングをおこなったが、果実量の変動は年によってあるものの、年一回もしくは二回の定期的な結実を示していた(図2・9)。混交フタバガキ林の低い果実生産性を考えればタビンの伐採林は、選好性の高い果実が定期的に手に入るひじょうに魅力的な環境になっているといえるだろう。Zhou博士らは先の論文の中で、「年中果実が手に入る熱帯域において、ハクビシンの採食物がどのような季節変化を示すのかを明らかにする必要がある」と書いている。熱帯域が「年中果実が手に入る環境」であるかどうかは疑問だが、パームシベットに関して言えば、選好性の高い果実と低い果実との間で、採食物のシフトを示していたという結果がえられたことになる。

では、(三)の結果「二種のパイオニア植物の結実期には、落ちている糞の量じたいが大きく増加する」はなにを示唆するのか? これについては、後でもう一度振り返って、考えてみることにしよう。

三つの重要な食物

タビンの伐採林では、二つの樹木の果実が、とくに好んで食べられることがわかった。*L. aculeata* と *E.*

*diadenum*だ。これらの果実がない時期には、イチジクが主食になっていた。では、それぞれ、どのような特性をもった果実なのだろうか。これらの植物は、タビンのシベットの生活史を考えるうえで欠かせないものだ。少し細かくなるが、それぞれの特徴を書いておこう。

一番目のブドウ科の*L. aculeata*は、最大でも高さ十メートルほど、胸高直径五センチメートルほどの低木である。一つひとつの木のサイズは小さいが、タビンの調査エリアでは樹木の個体数密度がひじょうに高い。原生林と伐採林に、ランダムに選択した場所に、〇・一ヘクタールのプロットをそれぞれ四個と六個設営し、直径二センチメートル以上(おおよそ、このサイズから実をつけるようになる)の個体の本数を数えてみた。原生林では平均二・六本しかなかったが、伐採林には、十九・〇本も確認することができた。単純に計算をすると、伐採林には、一ヘクタールあたり一九一本も生えていたということになる。もちろん、必ずしも均質に生えているわけではない。とくに小川の土手で密度が高く、低木層はすべて*L. aculeata*になっている場所もあった。私が見た印象では、湿った土壌を好むようだ。*L. aculeata*は熟すと赤く、直径一・五センチメートルほどになる丸い果実をつける(口絵4)。果実には、〇・五センチメートルほどの種子が六つ含まれている。熟した果実はひじょうに甘く、私がなめても十分にその甘さを感じられるレベルだった。図2・9に示したように、この木は、一月頃と八月頃、年二回、定期的に結実する。結実個体数・結実量は、八月頃の方が多い。果実は、パームシベットのほかに、ブタオザルにもよく食べられていた。果実の赤い色からすると、「鳥散布型」に分類されそうな気もするが、私が観察したかぎり、一度も鳥が食べることはなかった。ヒヨドリの一種に果実を与えれば食べるという記載があるのでこのかぎりではないかもしれないが、おもな果実の消費者は、タビンでは哺乳類らしい。果実サイズが、小型の鳥には大きすぎるのだろうか？

二番目のトウダイグサ科の *E. diadenum* は、*L. aculeata* と違い、高さ三〇メートトにもなる高木である。樹皮が白っぽいため、かなり遠くから見てもこの種の樹木かどうかを区別できる。この木は、林内での個体数密度は高くないものの、旧伐採道路沿いには比較的高い密度で生えている。そして、一つひとつの木が大きく、果実の時期には、林冠全体が果実の黄色い色で染まるほど多くの果実をつける。果実は成熟すると、〇・八ミリメートルほどになる（口絵4）。未熟果を食べると、口全体がひりひりするが、完全に熟すると弱まり、ひじょうに甘くなる。果実の中には、四ミリメートルほどの種子が含まれている。果実の時期は、八月後半ごろで、結実のピークは一ヶ月ほど続く。果実は、ひじょうに数多くの動物によって食べられる。私が観察しただけでも、オランウータン、テナガザル、サイチョウ類、ブタオザル、カニクイザル、フルーツピジョン、ヒヨドリの仲間などが果実を食べていた（写真2・9）。

写真2・9　果実を食べに来たオランウータン *Pongo pygmaeus*（写真提供 中林 雅）.

最後のイチジクの中には、複数種のイチジク属の樹木が含まれている。とくに密度が高いのは、*Ficus septica* と *Ficus racemosa* という種類である。前者は、道路沿いでよく見かける種類である。果実は二センチメートルほどの大きさで、熟しても緑色のままである。果実を口にするとわずかながら甘い。後者は、川沿いにのみ見られるイチジクである。果実は、直径三センチメートルの果実をつける。熟すと赤くなり、サイチョウやブタオザルなど多くの動物が食べるために集まってくる。これら二種は、おもに伐採林に多く見られる種類である。原生林には、これとは違ったさまざまな種類のイチジクが見られる。低密度ながら、絞殺しのイチジクと呼ばれる大型の果実をたわわに実らせるものもある。全体としてみるとイチジクは原生林でも伐採林でも見られ、すべての種を含めると、ある程度高い密度で均質に生えているといえる。イチジクの多くは明確な果実期をもたないため、どの時期にも果実を食べることができる。

個体追跡調査

果実資源量調査と採食物調査は、多くの有益な情報をもたらしてくれる反面、フィールドワークとしては必ずしもおもしろいものではない。地味だし、自分が動物の研究をしていることを実感しにくいからだ。タビンの森でのパームシベットの息遣いを聞くためには、彼らの行動に注目するのが一番だ。

二つの調査を継続しながら、パームシベットの行動や遊動パターンを明らかにするための調査を開始することにした。採食物が季節によって明確に変化するということは、彼らの行動面でも大きな違いがでることを示す。パームシベットは、夜行性なので、霊長類のように直接観察をしながら個体追跡をすることは不可能だ。私は、発信機をパームシベットに装着し、その電波を手掛かりに個体追跡調査をおこなうことにした。じつは、この調査は、私にとってもっとも楽しい調査であり、同時にもっとも苦労した調査でもある。

VHF型の発信機を動物に装着して個体を追跡する方法は、ラジオテレメトリー法と呼ばれており、現在、多くの野生動物の研究に使われる標準的な調査手法だ。原理はひじょうに簡単だ。まず、VHF波が発信される首輪型の発信機を、動物を捕獲して装着する。VHF波は、直進性をもつため、指向性のあるアンテナを用いれば、動物が調査者からどの方角にいるかを推定することができる（動物までの距離はわからない）。十分離れた二地点から、どの方角に動物がいるかを特定できれば、動物を視認することなく、動物の位置を地図上にプロットできる。もっとも、この推定精度は、けっして高いものではない。少なくとも十数メートルの誤差は覚悟しなければならない。実際の調査では、少なくとも三地点から動物のいる方角を特定し、精度の高い情報を得られるようにする。今現在は誰もが採用する当たり前の方法になっているが、最初にこの原理を思いついた人は本当に偉大だと思う。

ラジオテレメトリー調査の実際の利用は、いくつもの困難を伴う。当然のことながら、発信機を装着するためには、動物を捕まえなければいけない。ライオンやクマなどの大型動物となれば、捕まえるだけでたいへんだし、危険もともなう。装着後の個体追跡も一筋縄ではない。発信機からの電波が届く距離も限られているから、動物を探してまわる必要もでてくる。場合によっては、アクセスがたいへんな場所に動

写真２・10　現地で作ったパームシベットを捕獲するための罠．

物が行ってしまうかもしれない。
　パームシベットに関しては言えば、捕獲して発信機を装着するまでの過程は難しくなかった。捕獲用の罠を仕掛けておけば、簡単に捕まえることができたからだ。彼らは、個体数が多いだけではなく、警戒心そのものが薄いらしいのだ。捕獲のために私が使ったのは、高さ四〇センチメートル、幅三〇センチメートル、奥行き八〇センチメートルほどの大きさの金属製の罠だ（写真２・10）。この罠は、パームシベットが中に入って、あらかじめ入れてある餌を引っ張ると、扉が自動的にしまるようになっている。この罠を一〇個ほど現地調達（「コラム　捕獲罠の準備」参照）し、タビンの旧伐採道路沿いに放置しておいた。最初は、なかなか捕まらなかったが、餌（誘引剤）として使っていたバナナが完全に熟れると、次から次に捕まりはじめた。捕まえるコツは、ちょっと値段が高めのバナナを入れておくことだ（日本円で、一

写真2・11　タビンの最寄りの街ラハ・ダトゥの市場．捕獲罠の誘引剤として使っていたバナナ(a)やチュンペダ(b)を手に入れることができた．

束一二〇円くらい）。バナナは、お金のない私にとっても、貴重な食料だった。捕獲をはじめてからは、やむをえず、餌用に高級バナナをとっておき、私はそれより安いバナナを食べるようになった。なんとなくみじめな気分にもなったが、背に腹は代えられない。バナナはさまざまな品種のものが売られており、年中入手できる。その後いろいろ試したが、ジャックフルーツの仲間のチュンペダ（写真2・11）と並んで、バナナは、パームシベットをもっとも効率的に捕まえられる誘引剤だった。

捕獲が比較的容易だった一方で、追跡調査をするのはじつに骨が折れた。なんといっても、彼らは、厳密な夜行性なのだ。彼らの遊動パターンを知るためには、私自身が夜行性にならなければならない。もちろん、昼間動かないという保証はないから、昼間も休むわけにはいかない。私は、毎週一回、まる一日寝ないで、パームシベットの個体追跡をおこなうことにした。

個体追跡の日には、夜の道なき熱帯雨林に一人分け入り、発信機の電波を手掛かりに、パームシベットを探す。楽しい反面、肉体的にも精神的にもじつにこたえる。一日寝ない、というのだけでもそれなりにたいへんなのだが、正確なデータを取るためには、重い受信機とアンテナを持ってパームシベットを探し回らなければならない。私の使っていた受信機は、単二電池九個で動くようになっており、受信機本体とアンテナ、GPSなどを合わせれば、調査器具だけで全部でかるく一〇キログラムにはなった。それに飲料用の水や非常食などを加えると、かなりの重さになる。森の中を歩く際には、ゾウなどの危険な動物と遭遇しないように、常に細心の注意を払わなければならない。タビンの荒れた森では、あらかじめ作ってある調査ルートを外れると、迷子になってしまう。高精度な最新のGPSを使っていても、数メートルの誤差はでる。このわずかな誤差のために、調査ルートになかなか戻ることができず、追跡を中止せざるを得ないこともあった。とくに調査資金のなかった一年目の研究は、調査アシスタントを雇用することができず（そんなお金があったら食費代に消えていた）、危険だとは理解しながら、一人で夜の森に分け入らざるをえなかった。

それはまさに死と隣り合わせだった。

一度だけ、本当に死の危険に瀕したこともある。マッド・ボルケーノでシベットの電波を探しているときのことだ。ヘッドランプの電池が弱くなってきた。満月で雲一つなく晴れわたっている。晴天の日の満月は驚くほど明るく、ヘッドランプの光量が低下しても、発信機の電波を手掛かりに動物を探すには不自由しない。マッド・ボルケーノを横切ろうとゆっくり歩いているときのことだ。一五メートルほど先で、何やら大きいものが動く。なんとゾウである。そのとき、ヘッドランプの光を当てたのが、ゾウの気に障ったらしい。ゾウは突然、本当にトランペットのような声をあげながら、走ってこちらに向かってきた。私は、慌てて、走って逃げた。死にもの狂いで。

しかし、ゾウの足はおそろしく速かった。もの一〇メートルもいかないうちに追いつかれ、ゾウの鼻でガツン。私の体は、ゴムまりのように数メートル弾き飛ばされた。その後のことは何も覚えてない。気を失ってしまったからだ。気がついたときには、天空には満天の星空とまん丸のお月様がぼやけて見えた。何が起こったのかを理解するのに、しばらく時間がかかった。

それ以降、ゾウにはいっそうの注意を払って調査するようにした。調査エリア付近でゾウの目撃情報があった場合、夜の個体追跡は一切やめにした。おかげで、再び危険な目に合わずにすんだが、ゾウに襲われたあの瞬間は、いまだに夢に見る。無数の蚊にまとわりつかれながら、泥だらけになって歩いていると、突然、ゾウが私の方に向かって突っ込んでくるのだ。私は走って逃げる。長靴をはいて走る鈍足の私に、夢の中のゾウはいつまでたっても追いついてこない。もう大丈夫なのかと思って後ろを振り返ると、ゾウは目前に迫ってきている。この繰り返しだ。私は延々と走って逃げ続けなければならない。ようやく目が覚めたときには、汗びっしょりになっている。

余談になるが、自分のフィールドワークがいかに危険なものであったかについて、自慢げに語る生態学者がいる。一種の武勇伝なのだろうが、私はそれがあまり好きではない。そもそも、みずからの安全を十分に確保したうえで調査をおこなうのは、フィールドワークの基本で、それができなかったのなら、みずからを恥じるべきだ。それに、研究の価値と調査の苦労は、直接には関係しない。苦労して取得したデータであることをアピールすることは、データの価値を、科学的意義とは別の文脈で上げようとする行為にも感じてしまう。さらに、こういう話は独り歩きして、どんどん大げさな話になっていく傾向がある。私の話も、尾ひれはひれがついて話が広まってしまった。ある学会で、ほとんど話をしたこともないような人から、「ゾウに襲われた人」として知られているということもあった。危険な目に合ったことは、ただただ恥じるしかない。

このことを断ったうえで本音を言えば、自分が遭遇した危険を自慢げに語る人より、「調査中の事故が、いかに多くの人に迷惑をかけるか」について訳知り顔で説教してくる研究者の方がもっと嫌いだ。とくに私より若い人が、そういうことを偉そうにぶっているのをみると本当に情けないと思ってしまう。「他人に迷惑をかけるな」型の説教じみたことを言う人は、フィールド経験の浅い研究者が多いように思う。そういうことを言うのが「大人な態度」だと思っている人が多いからだろう。どんなフィールドワークも一定の危険性を伴っている。細心の注意を払って調査に挑むのは当然だが、せめて若い時ぐらいは、危険を顧みずに新しいことを明らかにしてやろうという野心ぐらいあってもいいのではないだろうか。

コラム　捕獲罠の準備

捕獲のためには、トラップ（罠）が必要になる。トラップも重いものだから（一つ一〇キログラム程はする）、調査資金のない私が日本からもっていくわけにはいかない。私が博士課程で最初に手を着けた作業が、この捕獲用トラップの入手だった。

どういうトラップで捕まえればいいのか、野生動物の捕獲経験のない私には、見当もつかなかった。困った私は、セピロクにあるオランウータン・リハビリーテンションセンターに立ち寄ったときに、野生動物局のスタッフのガビリさんに会って聞いてみることにした。セピロクは、松林さんが学生時代をすごした場所であり、そこのスタッフは日本人に対してひじょうに親切だった。ガビリさんによれば、パームシベットなら捕まえることはそれほど難しくないという。さらに、「自分が見本となるトラップを作ってあげてもいい」と言ってくれた。親切には感謝するべきなのだが、マレーシアでは、多くの場合、こういう話は話だけで終わることが多い。言っている本人は、その時点では本気なのだろうが、実際に約束を実行してくれる人は稀だ。鵜呑みにして予定を立てると、計画が狂ってしまうことも多い。私も、さすがにそれまでの経験から、「期待しすぎないこと」を覚えていた。

しかし、このトラップ作成に関しては違った。二ヶ月後、セピロクに再び遊びに行ってみると、ガビリさんが「やっと来たのか」と待ちくたびれたようにいうのだ。話を聞いてみると驚いたことに、ガビリさんは、あの約束の後、材料をみずから買って、金属溶接をして作ってくれたのである。

幸運はその後も続いた。タビンに最寄りの町ラハ・ダトゥで、偶然デラマコット時代の知り合いに出会い、同じようなトラップを作ってくれる金属加工の店を紹介してくれたのだ。さっそく私は、一つ五〇リンギット(日本円で約一五〇〇円)で一〇個同じものを作ってもらった。日本で買うと最低一万円以上するトラップがひじょうに安価にあっという間に手に入れられたのである。こうして手に入れたトラップは、いとも容易にパームシベットを捕まえてくれた。合計三〇回以上も捕獲することができた(写真1)。パームシベット以外の動物が捕獲されることもあった(写真2)。野生動物の捕獲は、多くの場合、困難を伴う。しかし、ガビリさんのおかげで、もっとも苦労する過程を速やかに終えることができたのである。

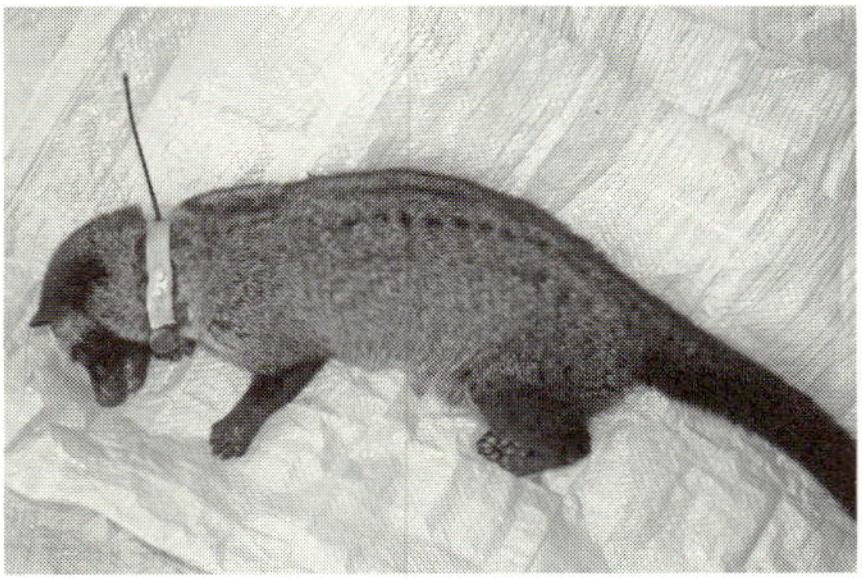

写真1　麻酔をかけて発信機を装着したところ.

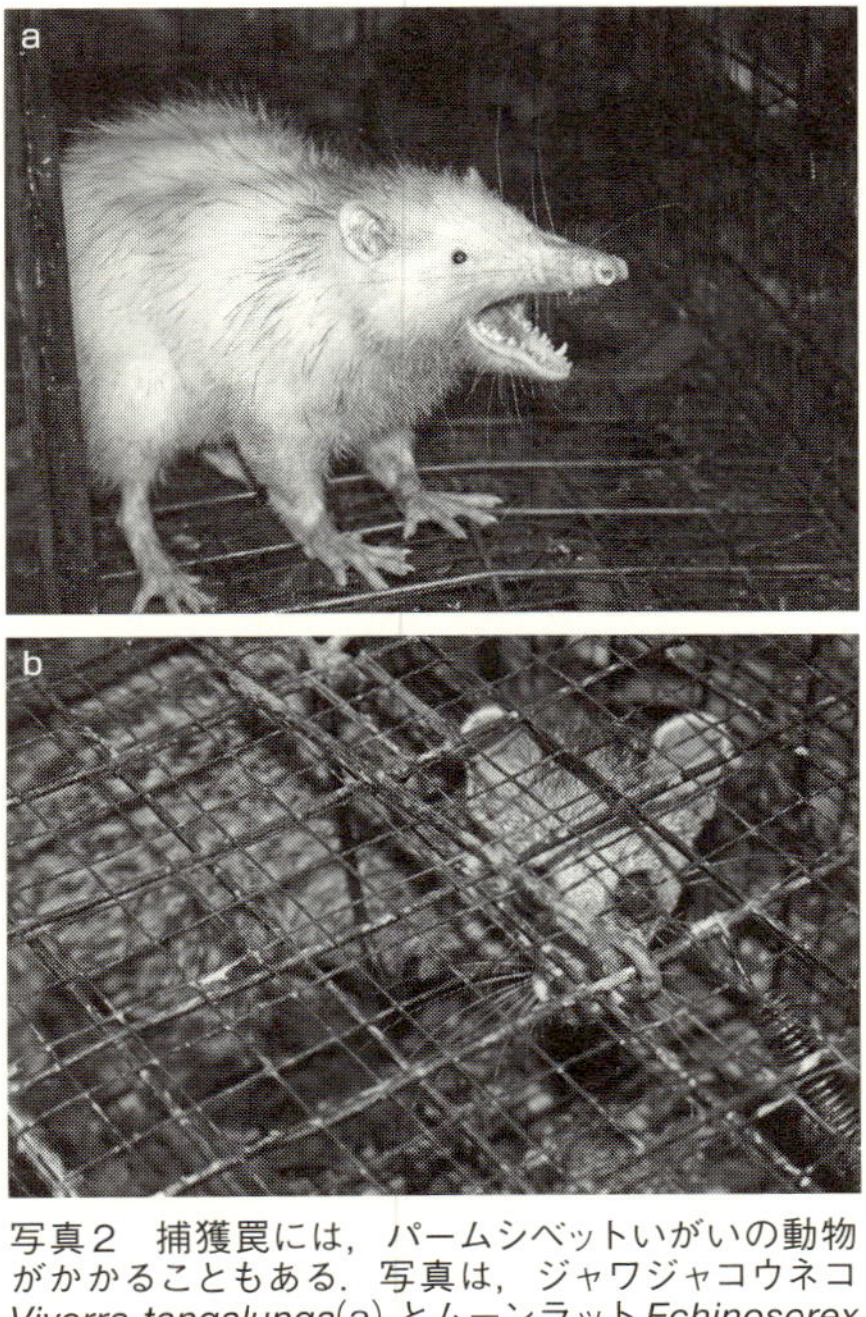

写真2　捕獲罠には，パームシベットいがいの動物がかかることもある．写真は，ジャワジャコウネコ *Viverra tangalunga*(a) とムーンラット *Echinosorex gymnura*(b).

コラム　熱帯雨林の危険

ボルネオの熱帯雨林を歩く場合、もっとも警戒するべき動物は、間違いなくゾウである。もちろんアミメニシキヘビのような体長が一〇メートルを超えるような大型のヘビ（写真a）や、キングコブラなどの猛毒ヘビも危険な動物である。しかし、これらのヘビは、生息密度は高いものではないし、積極的に人を襲ってくるようなことはない。もし生息していれば、トラなどの大型肉食動物もたいへん危険な存在であるかもしれない。たとえば『ハンター&ハンティッド―人はなぜ肉食獣を恐れ、また愛するのか』（どうぶつ社）といった本には、人間が大型肉食動物の犠牲になった事例が、多数紹介されている。しかし、ボルネオ島には、ウンピ

写真　ボルネオの熱帯雨林で出会う危険な動物たち．(a) 車に轢かれたアミメニシキヘビ(体長7mほど)．森の中ではめったに出会う機会はなかった．一方，(b) アジアゾウは遭遇頻度も高く，もっとも恐ろしい動物だった．

ョウという比較的小型の肉食動物がひじょうに低密度で棲んでいるにすぎない。

一方、ゾウはそうではない。けっこうな頻度で彼らに出会うし、ひじょうに神経質で、人間が必要以上に近づくと積極的にこちらに向かってくる（写真b）。オイル・パーム・プランテーションが近くにある場所では、人間に対してとくに神経質である。オイル・パームの新芽を食べるために、彼らは頻繁にプランテーションに侵入する。このため、人とひじょうに敵対的な関係になることが多いからだ。タビン野生動物保護区でも二〇一二年に、観光客がゾウに襲われ死亡するという痛ましい事故も起こっている。観光客が接近してフラッシュをたいて写真を撮っていたところ、ゾウが怒って突進してきたという。

ちなみに、博士号取得以降、私はアフリカの熱帯雨林におもな調査地を移しているが、ボルネオ島に比べれば、アフリカのマルミミゾウ *Loxodonta cyclotis* ははるかに優しいと思う。彼らはボルネオのものに比べて人間に気づくのが遅い。おそらく、ボルネオに生息するアジアゾウよりも視力が劣るのだろう。風向き次第ではかなり近い距離まで近づいても気づかれないのだ。いずれにせよ、ボルネオの熱帯雨林では、ゾウに対する警戒はけっして怠ってはいけない。姿はユーモラスでおおらかな動物のイメージがあるかもしれないが、ゾウは世界一の猛獣である。

行動圏サイズと遊動の季節変化

では、危険な目に合いながら取得したラジオテレメトリー法のデータからは、どのようなことがわかっただろうか？　果実資源量の調査、採食物の調査は、タビンは果実が比較的容易に手に入る環境であることを示していた。彼らの行動追跡データからも、採食物の調査から示された二つの特徴、「タビンの伐採林の高い果実利用可能性」、「年二回定期的に果実をつけるパイオニア植物への強い選好性」を確認することができるだろうか? 答えは、イエスだ。

ほとんどの野生動物は、各地を放浪しながら気ままに生活しているわけではなく、一定の土地の範囲内を繰り返し利用して暮らしている。ラジオテレメトリー法を用いて動物の定位を繰り返せば、動物がふだんどのあたりで暮らしているのかがわかってくる。動物学者は、ふだんの彼らの生活圏を「行動圏(Home range)」と呼ぶ。

まず、タビンの伐採林がどのような食物環境であるかを確認するために、パームシベットの行動圏の大きさに注目してみよう。パームシベットは東南アジアに広く分布するが、行動圏の大きさは、場所によって大きく異なることが知られている。たとえば、タイのフワイ・カーケーン野生生物保護区では、一〇〇パーセント最外郭法と呼ばれる方法(測定点のもっとも外側の点を結んでできる多角形を行動圏として推定する方法)で推定した行動圏の大きさは、四・三~十七平方キロメートルもある(Rabinowitz 1991)。一方、ネパール南部のチトワン国立公園では、最大でも〇・二平方キロメートル程度である(Joshi et al. 1995)。最外郭法で推定した行動圏の大きさは、データを取得した期間やデータ取得回数にひじょうに強く影響されるため単純な比較は禁物だ。しかし、これだけ大きな違いはサンプリング方法の違いではないことは確かだろう。なぜ、場所によって差が出るのだろうか?

ミャンマーで研究をおこなったJoshi et al.(1995)は、行動圏の大きさの違いは、生息環境の好適さ、とくに餌資源の利用しやすさの違いを反映したものではないかと考えている。彼らの研究は、大河川の三角州の中でおこなわれており、土壌はきわめて肥沃で果実の生産性もひじょうに高い。パームシベットの主食となる*Coffea bengalensis*（コーヒーノキの実）は、一平方メートルに二一・九本という高密度で生えている。単位が、一ヘクタールではなく、一平方メートルであることに注意してほしい。一方、タイの森の土壌はいちじるしく貧栄養であり、果実の生産性が低い。タイのシベットは、季節によって利用する植生帯を変えているという。果実が動なくても手に入る環境では、必然的に行動圏は小さくなる。言い換えると、パームシベットの行動圏の大きさ（小ささ）は、生息環境の好適さ、とくに食物資源量の多さを示しているということになる。

行動圏の大きさと食物環境の関係性は、タビンのデータからも確認できる。タビンの森は、オイル・パーム・プランテーションと隣接している。森とプランテーションの境界域に棲むシベットは、夜間プランテーションの内部に入って、オイル・パームの実を食べていた。オイル・パームの実は、一年中季節を問わずに結実することが知られており、どの時期にも大量の果実が利用可能である。体重、性別、生息環境（行動圏内のプランテーションの有無）のうちどの要因が行動圏サイズに影響を与えているかを一般化線形モデル（という統計手法）で解析したところ、体重その他の影響を考慮してもなお、境界域のシベットの方が行動圏の大きさが小さくなることがわかった（Nakashima and Sukor 2013）。このことは、行動圏の大きさは、生息地の豊かさの大まかな指標になるというJoshi et al.（1995）の考察を裏書きするものであると考えてよい（ただし、ミャンマーとタイの行動圏の大きな違いは、両地域の体サイズの違いも影響

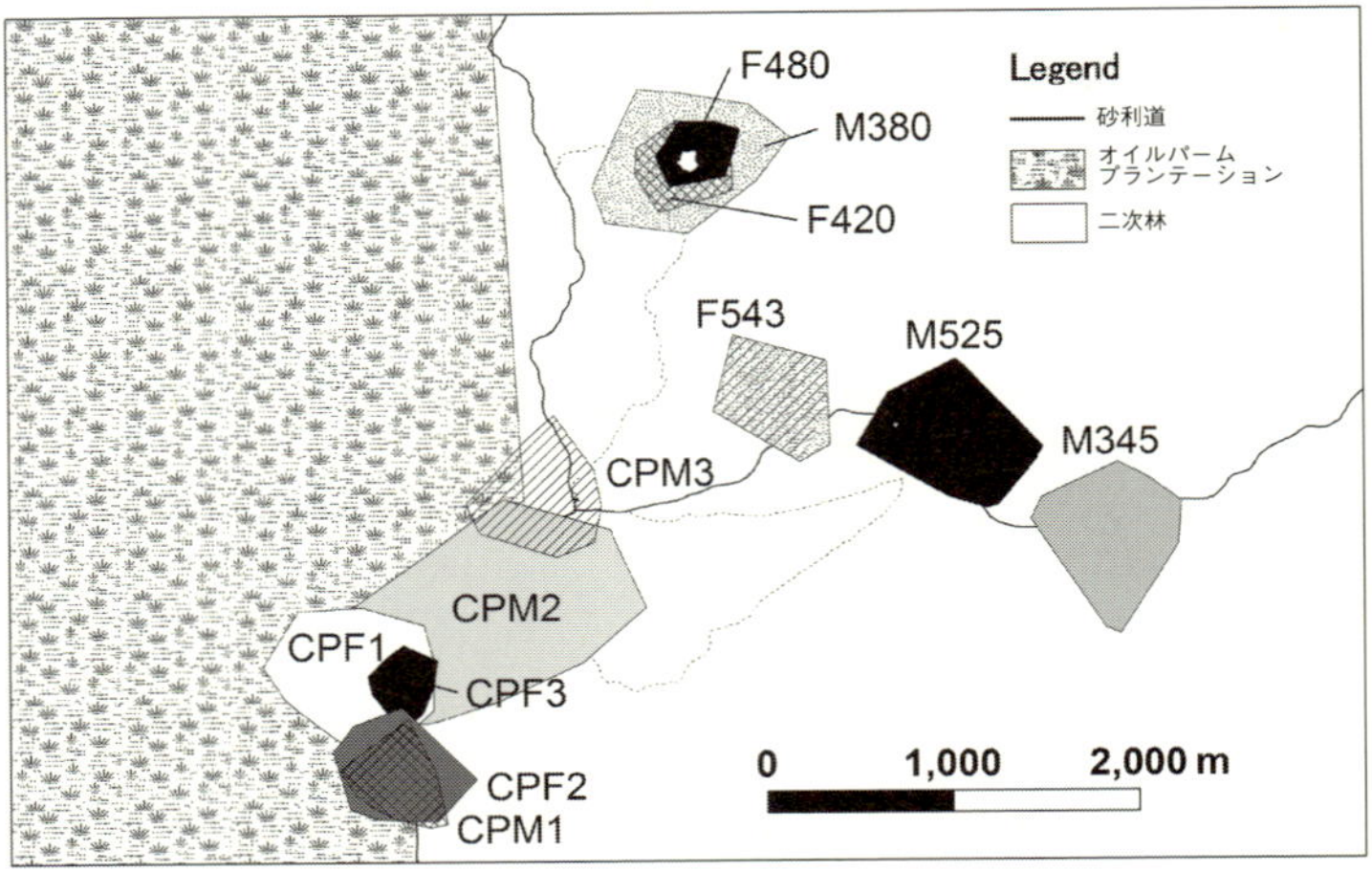

図2・10　タビン野生動物保護区におけるパームシベット12個体の行動圏(95%MCP).

している可能性がある。先述したように、パームシベットは分布域が広く、長期間遺伝的な交流がなかったため、地域によって体サイズがかなり大きく異なっている。一般に、体サイズが大きくなると、必要な食資源の量じたいが増えること、移動能力が高くなることから、行動圏サイズが大きくなる。残念ながらミャンマーのシベットについては体重の情報が記載されていないので確かめようがないのだが、タイのそれは、体重二・五〜五・〇キログラムであり、他地域のものと比べて若干大きい印象がある。ちなみに、タビンのそれは、後で見るように一・八〜二・八キログラム程度である。タビンのものがかなり小さめなのは、島に住む動物の特徴であると考えられる(Jennings et al. 2006; Jennings et al. 2010)。

では、タビンのシベットの行動圏の大きさは、他と比べてどうだろうか？　タビンでは、オス六個体、メス六個体の成獣・計十二個体の行動圏サイズを推定することができた(図2・10)。結果をまとめたものを、表2・

表2・1 タビン野生動物保護区におけるパームシベットの行動圏の推定値

ID	性	捕獲日	最後に定位できた日	体重(kg)	サイト	データ数	行動圏サイズ(ha)
M525	オス	2008/1/17	208/7/7	1.8	F	142	43.1
M380*	オス	2008/1/22	2008/10/11	2.6	F	162	176.7
M345	オス	2008/1/08	2008/7/19	2.1	F	191	50
CPM1	オス	2007/9/15	2008/4/19	2.1	FO	108	19.7
CPM2	オス	2007/9/17	2008/1/27	2.7	FO	102	145
CPM3	オス	2007/9/19	2008/3/18	2.2	FO	192	40.9
F543*	メス	2007/1/15	2008/11/15	1.8	F	257	34.9
F480	メス	2008/2/9	2009/7/10	1.7	F	117	17.9
F420*	メス	2008/2/3	2009/10/9	2.1	F	201	26.5
CPF1	メス	2007/9/15	2008/3/3	2.1	FO	115	54.8
CPF2	メス	2007/9/21	2008/4/15	2.2	FO	111	33.2
CPF3	メス	2007/9/25	2008/6/12	1.7	FO	131	10.5

サイト：森の中（F），森とオイル・パーム・プランテーションの境界（FO）.
＊果実と非果実期をとおして追跡できたもの.

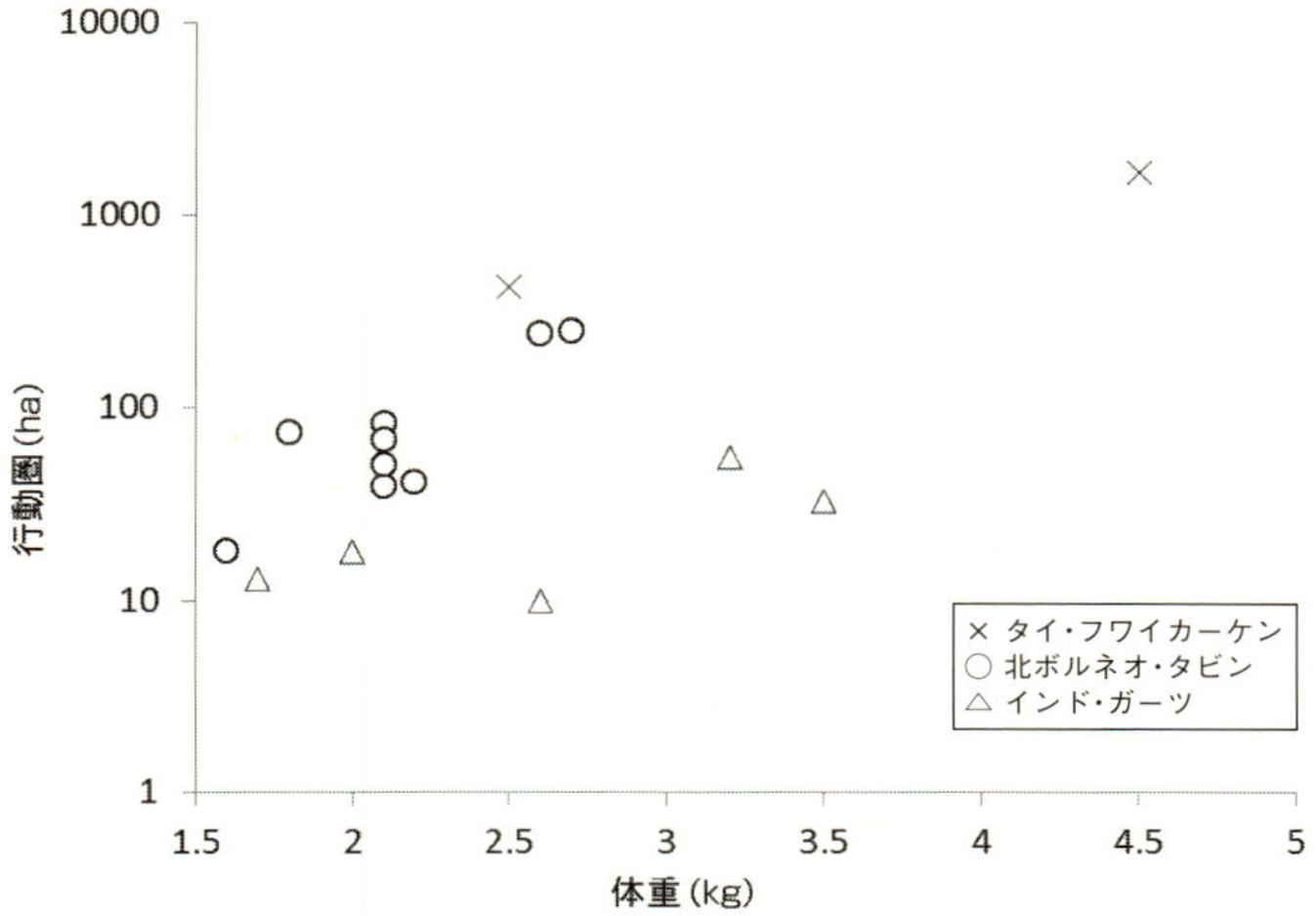

図2・11　各サイトの行動圏(100％最外殻)．行動圏は，
ガーツ＜タビン＜タイの順で大きいことがわかる(中島，未発表)．

1に示す。体重の影響を考慮したうえで、タビンの行動圏サイズを、他のサイトの推定値と比較してみよう。ミャンマーのパームシベットの体重がわからないので、ここでは、タイのパームシベット、インド・ガーツの近縁種ジャードンパームシベット*Paradoxurus jerdoni*と比較してみよう。図2・11は、体重をX軸に、行動圏サイズ（一〇〇パーセント最外郭）をY軸（対数軸）にしたグラフである（ここでは七〇回以上定位した個体のデータのみ使っている）。

このグラフをみれば、それぞれのサイトの行動圏の推定値が固まってプロットされていて、下から順に、ガーツ、タビン、タイと並んでいることがわかる。一般化線形モデルを用いた解析からも、体重、性、データ取得回数にくわえて、調査地間の違いを考慮した方が統計的に有意に点のばらつきを説明できるという結果がえられる（中島、未発表）。餌資源量が多いほど行動圏は小さくなるはずだから、タイ＜タビン＜ガーツの順で食物を得やすいのだと推測できる。ガーツの調査地は、年中、何らかの果実が手に入るひじょうに豊かな森のようだ（Mudappa 2001）。この結果からは、タビンは、ガーツの森よりも劣っているかもしれないが、少なくともタイの森より食物の得やすい環境であることを示していることになる。

ラジオテレメトリーの結果をもう少しみていこう。採食物調査の結果から、年二回定期的に結実する二種のパイオニア植物は、パームシベットの選好性がとくに高い果実であることが示された。個体追跡データからも、これを支持する結果は得られただろうか？　もし、これらの植物に対する選好性が高いなら、パームシベットの遊動パターンも、これらの果実の分布によって大きな影響を受けるはずだ。発信

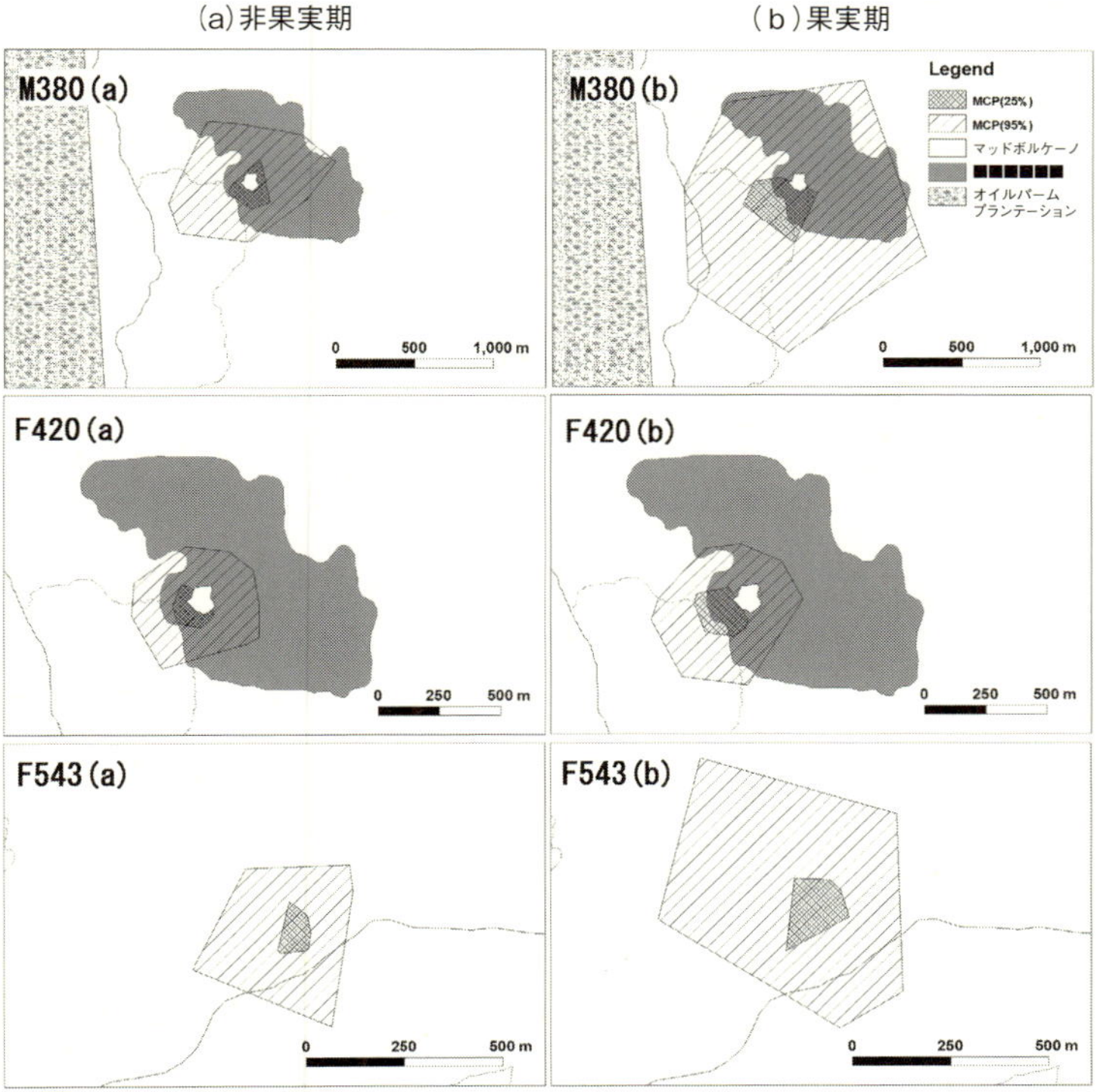

図2・12　非果実期(a)と果実期(b)の95%(と25%)MCP行動圏．3個体とも，果実期に行動圏が大きくなった．

機は、全部で十四個体に着けたのだが、パイオニア果実の多い時期、少ない時期を通じて十分な回数の定位をおこなえたのは、残念ながらわずか三個体だけだった（他の個体は、電池が弱って追えなくなるか、首からすっぽ抜けてしまった）。うち二個体は、断片状の原生林と伐採林の境界域に棲んでいた。これら三個体について、個体追跡の結果をみてみる。

図2・12に、最外郭法（九五パーセントMCP）によって推定した行動圏の季節変化を示す。これら三個体の

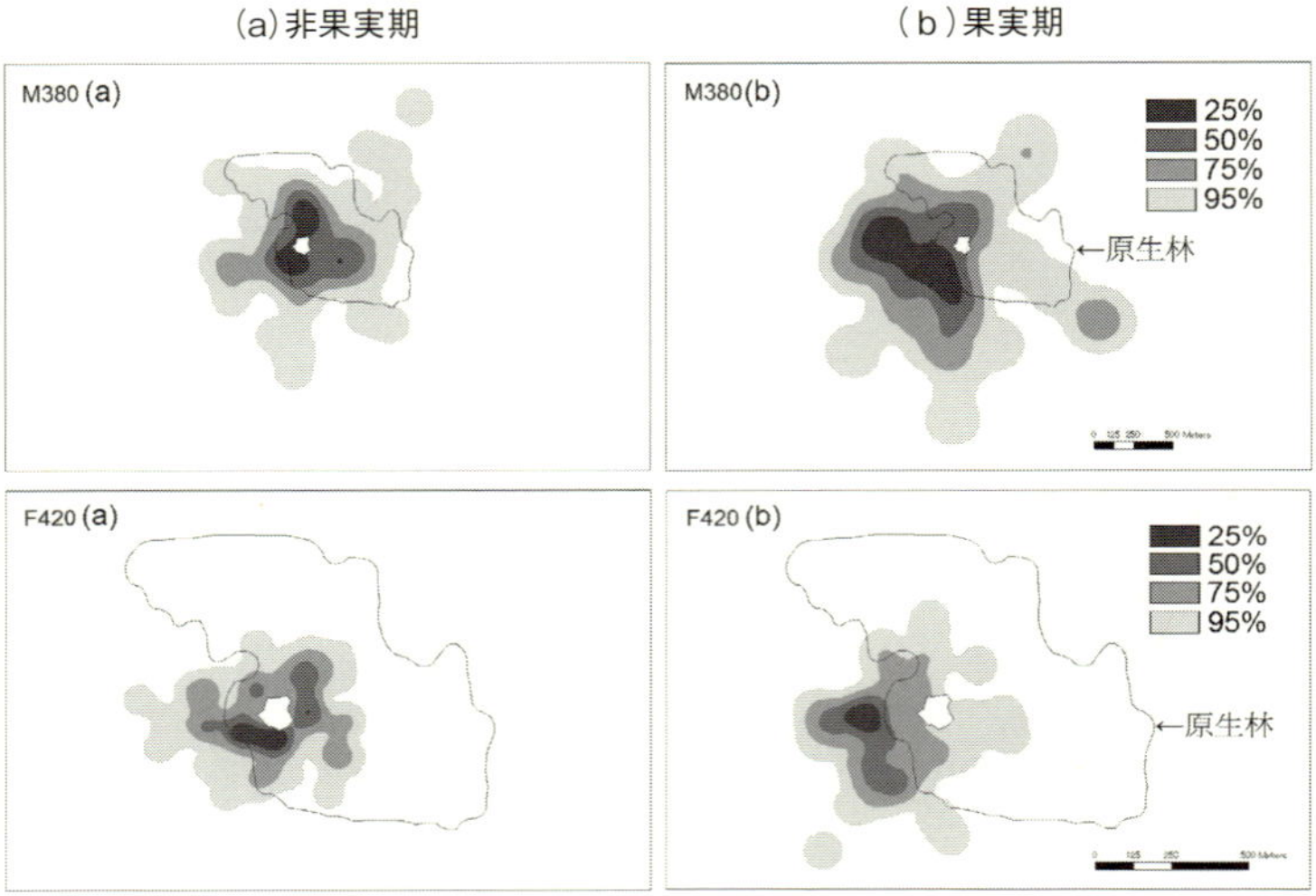

図2・13　固定カーネル法で示したオス1個体(M380)とメス1個体(F420)の行動圏の推移．非果実期(a)と果実期(b)の間で，利用頻度の高い場所(25%カーネル)が原生林から伐採林へシフトしているのがわかる．

行動圏の大きさは、二つの期間（*L. aculeata* と *E. diadenum* の結実期と非結実期）で変化していた。結実期には、ふだんは利用しないような場所を使うようになったために、三個体とも行動圏サイズが統計学的に有意に大きくなっていた。新しく使うようになった場所は、*E. diadenum* の大きな木がある場所か、*L. aculeata* が高い密度で生えている川沿いと完全に一致していた。原生林と伐採林の境界域に棲む二個体では、結実期には、伐採林の利用頻度が増加していた。

行動圏内の利用頻度をみるために、「カーネル法」と呼ばれる手法を使ってみよう。原生林と伐採林の境界域に棲む二個体に適用してみた結果が、図2・13だ。この手法は、動物の空間利用頻度の等高線を描き出してくれる。図には、二五パーセント、五〇パーセント、七五パーセント、九五パーセント・カーネルを示したが、この順で利用頻度が高くなっていたと考えてもらえばよい。図をよく見ると、結実期には、伐採林を集中的に利用するようになっている。すなわち、彼らの遊動パターンも、二種のパイオニア植物の結実に合わせるかたちで変化していたのである。

なお、果実資源量の季節性が遊動に与える影響の大きさは、ジョシらの研究でも報告されている（Joshi et al. 1995）。彼らは、私と同様、パームシベットの糞を集めることで採食物を明らかにするのと同時に、発信機を装着して、パームシベットの行動の季節変化を明らかにしている（彼らが研究をおこなったネパール南部のチトワン国立公園では、トラなどの大型肉食動物が棲んでいる。彼らは、調教・訓練されたゾウの後ろに乗って夜の森に入り、調査をおこなっている）。このサイトでは、二月から五月の間は、二種類の植物（*Coffea bengalensis* や *Murraya koeniggii*）の果実がひじょうに豊富になり、パームシベットの主食になる。これらの植物の密度は高く均質に分布している。六月から翌年の一月までは、果実の量じたいも減る。この時期におもな採食物となるイチジクの一種 *Ficus glomerata* は、パッチ状に分散して存在する。果実が多い時期は、シベットは動かずに留まって採食をするため、行動圏は著しく小さくなる。一方、果実が少ない時期は、行動圏のサイズが大きくなる。また、個体間の行動圏のオーバーラップは、果実期には小さく、非果実期には大きくなるという（パームシベットの行動圏は、同性間、異性間でも大きくオーバーラップしており、排他的な縄張りももたない）。ジョシらの研究も私の研究も、パームシベットは、果実の分布に合わせて柔軟に変化させるという習性をもつことを強く示しているのだ。

もう一つの見方

ここで少し見方を変えてみよう。ここまでみてきたのは、タビンの伐採林が、果実食のパームシベットにとって、どのような環境であるかということだ。私の調査結果は、タビンの伐採林は、彼らにとって、おそらく原生林以上に好適な環境になっていることを示していた。皮肉なことに、過去の伐採は、パームシベットにとってありがたいことだったということになる。おそらくパームシベットの個体数密度は、伐採後に上昇しただろう。実際、タビンでは、原生林よりも、伐採林の方が、生息密度が明らかに高い。

しかし、このことは、逆の見方をすれば、パームシベットの個体数密度は、果実の資源量によって大きく左右されうるということを示唆する。さらに言えば、通常の環境下では、パームシベットは十分な果実を食べるのに苦労しているということになる。それは、タビンの伐採林でも、程度の差はあれ、同じかもしれない。特定の果実が与える遊動への影響の強さは、彼らの行動が、食資源によって制限されてしまっていることを強く示すからだ。ここからは、「食肉目パームシベットにとって、いかに果実を食べて生活するのがたいへんなことなのか」という視点で、パームシベットの生物学的な特徴について考えてみよう。そうすることで、タビンの伐採林の特徴も、より明確に浮き彫りにできるはずだ。

個体追跡中に私がひじょうに奇妙に感じたのは、パームシベットは、結実木に長くとどまることは少なく、まだ食べられそうな果実が残っているにもかかわらず、別の場所に移動することが多かったという点だ。とくに、この傾向は、*E. diadenum* の結実初期の八月後半ごろに顕著になった。原生林・伐採林の境界域に棲む個体は、伐採林にある*E. diadenum*の果実を食べに出かけていき、一定時間果実を食べた後、結実木を去る。そして、別の*E. diadenum*の結実木まで移動して、再び採食を始めるのだ。私が結実期に個体追跡をおこなったすべての事例で、一本以上の結実木を訪れていた(ふだんの遊動エリア外にある*E. diadenum*で採食した後、行動圏の反対側の端っこにある*E. diadenum*の木に一直線に向かったこともあったほどだ)。

修士課程のときに、オランウータンの結実木での行動を観察していた私にとって、この行動はひじょうに奇妙に見えた。*E. diadenum*は、ひじょうに多くの果実をつける。もちろん、シベットが去った後にも、樹上には、大量の果実が残されている。パームシベットが、同じ結実木に留まって食べ続けていれば、もっと多くの果実を食べられるはずだ。樹上で果実を食べている分には、捕食のリスクも低い。夜行性かつ樹上性の捕食者は、待ち伏せ型の捕食をすると言われるウンピョウ*Neofelis nebulosa*がいるぐらいだ。にもかかわらず、シベットは途中で採食をやめて、結実木を去るのだ。しかも、結実木を去った後、同じ樹種の別の木を訪れる。この結果、食物量が多いはずの果実期にかえって遊動距離が長くなっていた。いったいどうしてシベットは、わざわざ同じ樹種の果実を、別の結実木に移動して採食する必要があるのだろうか?

じつは、パームシベットで観察された結実期の遊動距離の拡大は、集団生活をおくる果実食霊長類の多くの種類で報告されてきたことである(霊長類の中でも、オランウータンは、例外的な存在だ)。霊長類の世界では、この現象は、果実資源の分布パターンと群れ生活をおくる霊長類の特徴を、ともに反映した結果であると考えられている。霊長類が好む果実をつける木は、環境中に低密度で散在して分布していることが多い。霊長類の多くの種は、群れを作るために、果実をめぐるグループ内での間接的な競争（霊長類学用語で、群内スクランブルというらしい）が働く。このため、一本の結実木では十分に食べることができなくなり、散在して分布する複数の同種結実木を渡り歩く必要性が生じる。結果的に、霊長類の群れの遊動距離は結実期に長くなる。一方、果実が少ない時期には、霊長類は、おもに葉などの低質だが豊富かつ均質に分布する食物に依存する。そうすることで、移動によるエネルギー消費を抑えることができるのだ。彼らは、同じ場所にとどまって採食を続けるため、遊動距離は短くなる。

しかし、パームシベットに関していえば、果実のパッチ状の分布という特徴を考慮したとしても、なお疑問は残る。彼らは、霊長類と違って、常に単独で生活しており、個体間の採食競合は霊長類ほど強くはかからないはずだからだ。彼らが単独で採食しても、果実がすぐにはなくなるとは思えない。実際、霊長類においても、単独生活をおくる若オスでは、果実期になると遊動距離が短くなることがわかってきている。第一章で紹介したオランウータンでもそうなるはずだ。実際、オランウータンは、タビンの*E. diadenum*の木にも来ており、ドリアン同様、数日間にわたって食べ続けていた。では、なぜ、シベットは、果実が樹上に残っているのに、結実木を去るのだろうか？

私は、次のように考えている。「人間の目には、シベットが去ってもなお、大量の果実が残されているように見える。しかし、シベットにとって食べられる果実は、もうほとんど残っていない」。結実木に訪れたパームシベットは、食べる果実を選択するのに長い時間をかけている。木の上を動き回って、いくつもの果実を嗅いだ後に、ようやく食べる果実を選択するのだ。*E. diadenum*は、果実サイズが十分大きくなった後も、ひりひりした舌を打つような味が残っている。また、こうした未熟な果実は、それほど甘いわけではない。おそらく、シベットは十分に熟した糖質がたっぷり含まれた果実だけを慎重に選り分けて食べているのだろう。滞在が一定時間以上になると、彼らが食べられる果実の数はどんどん限られてくる。すると、次に食べる果実を探索するのには、多くの時間を必要とするだろう。別の場所の結実期に訪れた方が、同じ木にとどまって採食を続けるよりも、採食効率が良くなる。これが、別の結実木に移動する理由ではないだろうか（ただし、果実が完全に熟する時期になると、彼らは、長時間滞在して食べ続けるという行動もみられるらしい。しかし、頻繁に休みながら採食を続けるという。中林、私信）。

彼らにとって利用が可能な結実木上でも限られていることは、個体の遊動パターンのみならず、シベットの個体間関係に大きな影響を与えている可能性が高い。*E. diadenum* の結実木の直接観察の結果は、そのことを支持するものだ。*E. diadenum* の最盛期には、カニクイザル *Macaca fascicularis* やブタオザル *Macaca nemestrina*、テナガザル *Hylobates muelleri* などの霊長類も頻繁に訪れる。彼らは、かなり長い時間とどまって採食する。群れ内の個体が果実を求めて喧嘩することはそれほど多くない。樹冠が大きいので、群れ内の個体がばらけて採食することができるのだ。しかし、パームシベットは、複数個体が同時に同じ結実木上で採食することは、ひじょうに稀である。観察事例はまだ限られているが、同じ結実木で同性の個体が遭遇した場合には、先に採食していた個体が後からやってきた個体を威嚇し、結実木から追っ払った（Nakabayashi et al. 2012a）。果実数がひじょうに多い結実木では、二個体のメスが共食することもないわけではないらしいが、その頻度は明らかに低く、集まってもせいぜい二〜三個体である。

ミャンマーでシベットの研究をおこなったジョシらの報告（Joshi et al. 1995）では、交尾期のオス・メスでさえも、ねぐらでは数日間共にすごすにもかかわらず、夜間、ともに採食することはなかったという（「コラム　キンカジューと社会」参照）。私も、タビンで同様の事例も観察している。七月にＦ４２０とＭ３８０は、同一の樹上で寝ていた。しかし、夜間活動を始めるタイミングは別々で、それぞれ独立に行動した。しかし、翌朝、再び同じ樹上で寝ていた。タビンではオスとメスが夜間連れ添って歩いているのを稀に見かけるので、必ずしもこのかぎりではないかもしれないが、個体間にいかに強い採食競合がかかっているかを、この事例も示しているように思える。

この仮説の検証は、パームシベットの採食速度（厳密にいうと、果実の選択にかかる時間）の時間推移に注目することで、検証できる。滞在時間とともに利用可能な果実が少なくなっているとすれば、果実選択にかかる時間が長くなっていくはずだからだ。また、果実選択時間を種間で比較すれば、とくにパームシベットにおいて、利用可能な果実が制限されていることを示すことができる。現在、この点は、京都大学野生動物研究センターの中林 雅さんが、博士課程の研究テーマとして取り組んでいるので、近々興味深い観察結果が発表されるはずだ。未発表データなので詳しくは書けないが、彼女の観察では、霊長類やサイチョウなどの他の果実食動物に比べて、シベットにおいては、食べる果実を選択するのにひじょうに長い時間をかけること、結実木に滞在する時間が長くなるにつれて、果実選択時間がますます長くなるらしいことがわかってきている（中林、未発表）。まさに、彼らは潜在的に利用可能な果実が、他の動物よりいっそう限られていること、滞在時間が長くなるにつれて利用できる果実はどんどん減っていることを強く示す結果であるといえるだろう。

コラム　南米に棲むキンカジューの社会

熱帯雨林の研究をしている人にもあまり知られていないことなのだが、南米・東南アジア・アフリカともに、熱帯雨林の夜の果実食者のニッチは、（コウモリや夜行性霊長類とならんで）小型の食肉目によって占められている。DNAの塩基配列に基づいた最新の系統解析の結果によれば、各大陸に生息する果実性食肉目は別の科に属しており、それぞれ独立に果実食適応を遂げたのだと考えられている（Gaubert et al. 2002）。

各大陸に棲む果実食性食肉目は、どれも興味深い生態・社会をもっている。とくにおもしろいのは、南米に棲むキンカジュー *Potos flavus* という種類である（キンカジューは、どういう漢字を書くのかと思われるかもしれないが、これは英名Kinkajouの音を日本語に置き換えただけである）。キンカジューはアライグマ科に属する体重二・五キログラムほどの夜行性の動物で、その外見も一風変わったものである（図）。採食物のほとんどを果実に依存しており、糞中の出現率は、九九パーセントに達する。この動物がおもしろいのは、食肉目の社会集団の原初形態ともみられる個体間関係をもつという点である。

キンカジューの研究を最初におこなったケイズ博士の研究によると、キンカジューは、通常、血縁のあるおとなオス二頭、メス一頭、若齢個体一頭からなる安定した社会集団をもつ（Kays and Gittleman 2001）。これらの個体は、他の単位集団とは排他的ななわばりを構える。同じ単体集団に属する個体はねぐらではグル

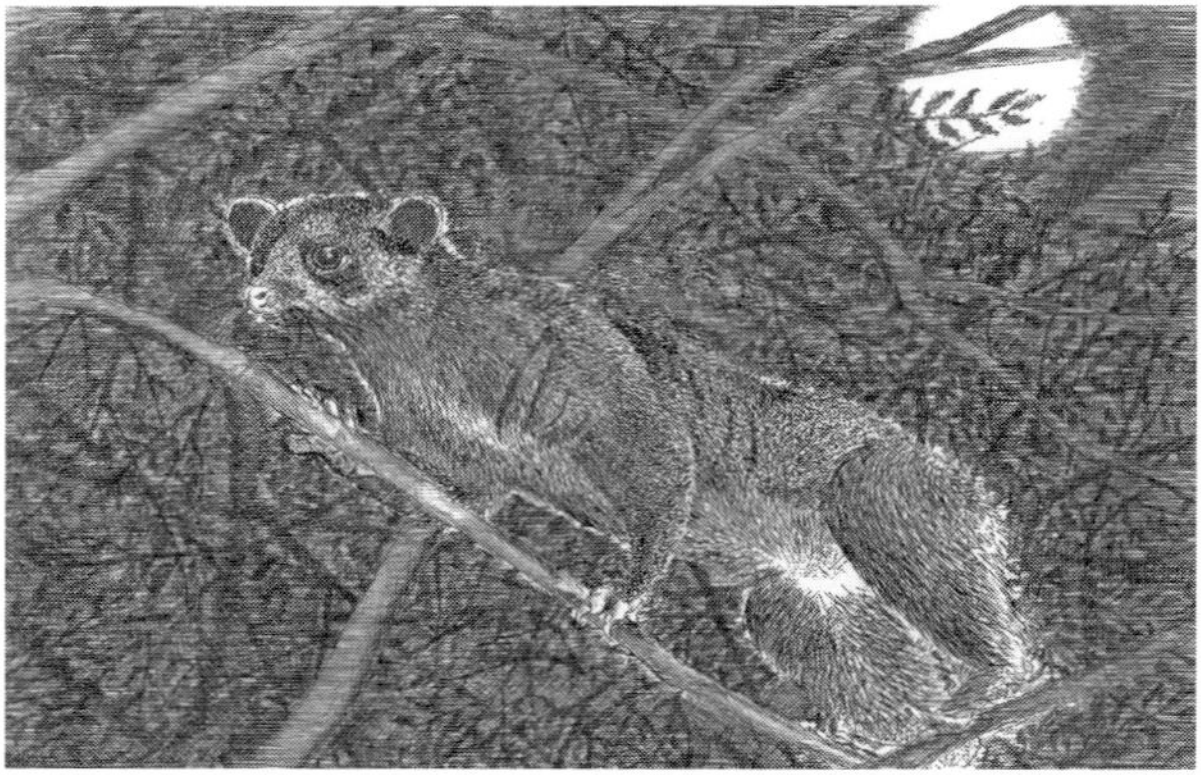

図　アライグマ科キンカジュー．南米に棲む果実食の食肉目．長い舌をもち，花蜜を舐めることもある．

ーミングなどの親和的な個体交渉を示すが、夜間食物を求めて遊動する際には、（とくに果実量の多い結実木以外では）複数個体で採食することはなく、それぞれ単独で動くという。パームシベットと同じように、キンカジューの個体間には強い採食競合がかかっており、単独での遊動を余儀なくされているのだと考えられる。

ついでながら、これまで私は、パームシベットの社会性については、ほとんど言及しなかったが、それは、ほとんどの時間を単独ですごしており、集団を形成したり、派手な社会交渉をおこなったりしないからである。しかし、だからといって、彼らが社会性をもたない動物であるというわけではない。彼らは臭腺から分泌された匂い物質を使って、情報を発信したり、読み取ったりしており、むしろ、彼らは個体どうしが遭遇するのを積極的に避ける社会をもっているようにも見える。もちろん、この背景には個体間の強い採食競合があるらしいのは、これまでも述べたとおりである。

食肉目パームシベットの果実食

もう少しだけ考察をくわえてみたい。私の観察結果からは、パームシベットにとって利用可能なのは、特定の植物の熟果にかなり強く制限されていることが示された。このことは、彼らの身体特徴を考えても確かなように思える。一般に、果実食性の動物は、肉食性の動物に比べて、発達した臼歯をもっており、その臼歯を使って果実を十分に咀嚼してから食べることが多い（Van Valkenburgh 1989）。その方が、消化吸収効率が高くなるからである（Clauss et al. 2009）。また、果実食者は、肉食動物に比べて、長い消化管をもち、十分に長い時間をかけて体内で処理することで、果実内に含まれる栄養素を消化・吸収する。しかし、パームシベットの歯の形態や腸の長さは、実際には、他の食肉目と大きくは異ならない。果実はほとんど咀嚼されないまま体内に取り込まれ、果実をあっという間に糞として排泄するのだ。実際、体内滞留時間は、わずか二時間ほどであり（Nakashima & Sukor 2010）、食べた果実が原形を保ったまま排泄されるものもしばしばみられる。おそらく、パームシベットは、果実の総エネルギーの内、ほんのごく一部しか消化・吸収することができていない。こうした形態的、生理的特徴による制約を考えれば、彼らが特定の果実の熟果しか利用できないとしても不思議ではない。

しかし、こう聞くと、疑問がわいてくるかもしれない。パームシベットは、果実利用に関して、かなりのハンディを負っているように見えるからだ。たとえば、タビンの森に同所的に生息しているブタオザル *Macaca nemestrina* は、パームシベットとひじょうに対照的な存在である。ブタオザルを含むマカク類は、未熟果もよく利用するし、十分に咀嚼した後、体内で十分長い時間とどめて、消化吸収することができることが知られている。同じマカク属のニホンザルでは、平均体内滞留時間は、三〇時間を超える（Sawada et al. 2011）。果実をめぐる競争が激しい熱帯雨林という環境の中で、パームシベットは、どのようにして果実食者としてやっていくことができているのだろうか？　そもそも、一見不利に見える彼らが、なぜ攪乱環境下でも生きていくことができるのだろうか？

現時点で、私は以下のように考えている。まず前提として、「さまざまな果実タイプ・成熟度のものを食べ、十分に長い時間をかけて消化吸収する戦略」と、「一部の植物の熟果のみを選択的に食べ、短時間体内に留めて、吸収の容易な成分だけを摂る戦略」は、トレードオフの関係（ある制約のもとでAという性質を改善した場合、それがBという別の性質において不利を引き起こしてしまう関係）にあるということを指摘しておきたい。前者の戦略をとれば、採食可能な果実の量は増えるが、未熟果に含まれる被食防衛物質の体内での分解に、多くのエネルギーを割かなければならなくなる。一方、後者の戦略をとれば、食べられる果実の数が少なくなる代わりに、分解にエネルギーを割く必要がなくなるだろう。また、前者の戦略は、単位果実あたりの消化吸収率を上げる一方で、その採食量に制限を生じさせてしまう。動物の消化器官に納められる食物量には限界があるために、短時間で排泄しないかぎり、その物理的制限に達してしまうからだ（その意味で、第一章で見たオランウータンが、どのように採食量を増加させているのかは興味深い。胃が容易に拡張するのだろうか？）。一方、後者の戦略は、消化率を低くしてしまう代わりに、資源の量に合わせて、柔軟に採食量を増減させることができる。

一般に、「利用する資源が重複する二種間の競争は、資源利用戦略にトレードオフがあると緩和され、その共存が促進される」というのは群集生態学の基本テーゼの一つである。マカク類は前者、パームシベットは後者の戦略を採用していることで、資源利用効率が一見低いように見えるパームシベットにも生き残っていくチャンスがでてくるのではないだろうか。実際、パームシベットが、後者の戦略の利点の一つ「資源の量に合わせて、柔軟に採食量を増減させることができる」を実際に生かせているようだ。先ほど、解釈を保留しておいた糞分析の結果の(三)、「二種のパイオニア植物の結実期には、落ちている糞の量じたいが大きく増加する」という結果は、シベットが熟果の豊富な時期に、大量の果実を取り込むことに成功したからだと考えられる(この意味で、*E. diadenum* が完全に熟した時期に、パームシベットが長時間にわたって結実木に滞在したという観察も、彼らの習性と矛盾したものではない)。じつは、こうした戦略の違いは、霊長目の中に存在することが知られる(Lambart 1999)。前者の戦略をとるマカク属の含まれるオナガザル科 Cercopithecinae に対して、オランウータンやテナガザルなどが含まれるヒト上科 Hominoidea は、前者の戦略をとっていると考えられている。パームシベットは、後者の戦略をより徹底したかたちでとっているのだろう。いっけん非効率なやり方を補っているのは、ヒト上科の場合、彼らの体サイズの大きさだが(一般に体サイズが大きいほど、エネルギー効率は良くなる)、パームシベットの場合、果実とあわせて食べる昆虫・小動物などの高エネルギー食物だと考えられる。原生状態の保たれた森林では、パームシベットとテナガザルは同所的に生息していることが多い。これらの二種の採食戦略の比較は、今後の研究課題である。

この他にも、パームシベットの採食戦略を考えるうえで、ひじょうに興味深い現象がいくつもある。その一つは、同じ *E. diadenum* の果実を食べた場合でも、利用可能な果実量に応じて、消化の程度を変えている可能性がある点だ。果実の最盛期には、果実が原形を保ったままで出てくるのに対して、果実期が終わりに近づくと、もう少し消化されて出てくる。食物環境に応じて、採食量当たりの消化吸収の程度を変えることはニホンザルなどのマカク類でも知られているが (Sawada et al. 2011)、パームシベットは、さらに極端なかたちで同様のことをおこなっている可能性が高い。こうした柔軟な採食戦略こそが、彼らが攪乱環境下で生存していくことを可能にしている可能性もある。また、*L. aculeata* や *E. diadenum* の最盛期にパームシベットを捕獲すると、体重が統計的に有意に増加している (中島、未発表)。短期間での体重の増加は、パームシベットは、一時的に大量に接触した果実から得た栄養素を、速やかに脂肪に変えて蓄積する能力をもっていることを示す。人手の入った環境では、一時的に大量の優れた食物が手に入るということがしばしばある。たとえば、中国の湖北省の自然保護区では、果樹園の果実が、短期的にひじょうに豊富になり、シベットに豊富な果実を提供していた (Zhou et al. 2008)。こうした豊凶が著しく激しい環境下では、彼らのもつ採食上の特徴は、ひじょうに有利に働きうるのではないだろうか。そして、その典型が、タビンの伐採林なのではないだろうか。

第3章
種子散布者としてのパームシベット

種子散布者としてのパームシベットの重要性

前の章では、タビンの伐採林におけるパームシベットの興味深い生態について取りあげた。私が調査をおこなっているのと同時期に、スラウェシ、インド、中国、カリマンタンなどでジャコウネコ科を対象とした研究がおこなわれ、その生態の解明が急速に進んできている。しかし、私の研究テーマは、パームシベットの生態の解明だけではない。彼らが、植物の種子散布者として、どのような貢献をしているかを明らかにすることが、中心的なテーマである。パームシベットの生態についての研究が増えてきた現在でも、種子散布者としての機能を明らかにしたものは少ないままだ。この章では、植物の立場から、パームシベットという果実食動物を見てみることにしよう。彼らは種子散布者として、タビンの伐採林でどのような役割を果たしているのだろうか?

種子散布者としての動物の重要性を評価するためには、「何にとっての重要性か」を明確にしておく必要がある。評価は、少なくとも、次の二つの観点からおこなうことができる。一つ目は、ある動物が、特定の植物の適応度(残せる子孫の数)の上昇にどれだけ貢献するかという観点である。種子散布研究の世界では、この点を、「種子散布者としての有効性(effectiveness)」という言葉を使って表す。現在多くの研究者によって使われている定義では、その有効性は、その動物による散布の「量(quantity)」と「質(quality)」の両面から評価される(Schupp 1993)。植物にとってみれば、動物たちにできるだけ多くの果実を食べて(量の側面)、果実を木から離れた場所にもち去ってほしいだろう。同時に、食べた果実内の種子を傷つけることなく排泄し、可能であれば、好適な環境に運んでほしい（質の側面）。ある散布者の有効性は、「その動物が散布する種子数に、散布された種子が繁殖個体にまで成長する確率を掛け合わせたもの」として定義される。ある特定の植物種にとっての重要性である。

もう一つは、ある動物による種子散布が、どれだけ森林の樹木の種多様性の維持、向上、あるいは森林の復元に貢献するか、という観点だ。この点は、攪乱環境下の樹木の多様性維持を考えるうえでとくに重要である。たとえば、小規模の農地の開発によって、植生を欠いたパッチ状の空間ができたとする。この場所に元来の植生が回復していくためには、周囲の森林から樹木の種子が流入する必要がある。もちろん、種子の流入がなくとも埋土種子の発芽などによっても徐々に植生は回復していくだろうし、風散布種子が到達することで樹木の多様性は高くなるかもしれない。しかし、元の豊かな森林が回復するためには、動物が多様な種子を運んでくることが必要だ。この観点では、荒廃した場所に多様な種子を運んでくる動物が、重要な散布者としてみなされるだろう。

これら二つの観点からみた重要性は、不可分な面もあるが、厳密にいえば、互いに独立している。ある植物の適応度への貢献が低い動物でも、ある場所の植生・樹種多様性の回復に大きく寄与するということもありえるからだ。

第一章で書いたように、私が、そもそもパームシベットに興味をもったのは、デラマコット保存林で、（一）彼らの糞が伐採道路に大量に転がっているのを発見したこと（彼らは、開けた環境に糞をする習性があるらしいこと）、（二）糞の中には、大きなサイズの種子が含まれているのを観察したことによっている。これらの観察と第二章で明らかにしたパイオニア植物の高い消費割合とをあわせて考えて、私は次の二つの仮説を検証しながら種子散布の調査を進めることにした。

一番目の仮説は、「パームシベットは、開けた環境に選択的に糞をするために、とくにパイオニア植物にとって有効（effective）な散布者となっている」というものだ（一つ目の観点からの仮説）。パイオニア植物は、光環境の優れた場所に到達しないと、生存・成長していくことが難しい。パームシベットの「開かれた環境」への散布は、そのチャンスを広げ、繁殖個体にまで成長する確率を上げてくれるにちがいない。

二番目の仮説は、「パームシベットは、大きな種子を飲み込んで散布する習性をもつ。この習性は、大型種子を長距離散布することにつながり、荒廃した森林の回復を進める効果がある」というものだ（二つ目の観点からの仮説）。非パイオニア性の大型種子をもつ植物にとっては、伐採道路のような直射日光が当たる環境への散布は、必ずしも好ましいものではないかもしれない。しかし、パームシベットの飲み込み散布は、荒廃した森林に、多様なサイズの種子を到達させる効果をもつだろう。パームシベットは、荒廃地に種子を運び、その場所の樹木の多様性の維持・向上に寄与するかもしれない。

おもしろいのは、これらの二つの機能はともに、パームシベットに固有のものかもしれないという点だ。たとえば、タビンにも高い密度で棲んでいるオナガザル科のブタオザル（体重五〜八キログラム）は、撹乱の入った森では、パームシベットにならんで重要な種子散布者であると考えられている（第一章　表1・1参照）。しかし、私のそれまでの観察や先行研究からすると、これらの二つの種が果たす機能には、大きな違いがあるようにも見えた。二種間の機能の差異を明らかにできれば、パームシベットの重要性を浮き彫りにできるかもしれない。そこで、私は、ブタオザルを比較対象として、二つの仮説の検証を進めることにした。

一つ目の仮説の検証

一つ目の仮説の検証材料として、パームシベットの主要な食物となっていたパイオニア植物*Leea aculeata*に注目してみることにした。*L. aculeata*は、他のパイオニア植物にくらべて、いくつかの点で調査しやすい対象だったからだ。たとえば、別の主要な食物*Endospermum diadenum*は、種子がかなり小さく、その生死の追跡が物理的に困難だ。種子が休眠性をもっているかどうかはっきりせず、発芽しない種子を死んだものとしてみなすことができるか判然としない。さらに、種子をアリが二次的に運ぶこともあるため、種子がなくなっても、死んで腐ったのか、別の場所に運ばれたのかわからない。*E. diadenum*だけではなく、パイオニア植物の多くは、これらのうちのいずれかの欠点をもっていた。一方、*L. aculeata*の種子は、これらすべての問題をクリアーしていた。

私が一つ目の仮説を検証するうえでおこなったのは、(一)森の中での糞の探索と、(二)散布先の環境の評価、(三)散布環境での種子の生存、成長の一年間の追跡の三つである(Nakashima et al. 2010b)。第二章で紹介した調査は、とにかく、肉体的に辛い作業だった。一方、この仮説の検証過程は、けっこう楽しい思い出としても残っている。さっそく、調査の過程をふまえて、紹介してみることにしよう。

（二）森の中での糞の探索

パームシベットの糞をする場所に特徴があるのは、タビンでの一年目の調査経験からも明らかだった。しかし、フィールドでの印象がいくら強くても、そのままでは科学的に受け入れてもらえない。人間の感覚は、けっこういい加減なもので、都合の良い解釈をしがちだ。調査結果に信頼性をもたせるためには、しっかりとした研究計画をたてる必要がある。

パームシベットが糞をする環境を客観的に評価するのには、二つの困難があった。一つ目は、発見した糞がどの種類に由来するものなのかを、外見から特定することが困難な点である。この点は、（糞の表面に付着した）腸管細胞内のミトコンドリアＤＮＡの塩基配列から、確実な同定がおこなえる。もう一つ厄介なのは、パームシベットがもつかもしれない「めだちやすい開かれた場所に糞をする」習性である。このことを客観的に示すのは、けっこう難しい。「めだちやすい場所でよく見つかる」ということは、ほとんど同義反復に近いからだ。これを証明するためには、「めだちにくい場所に、本当に糞はない」ということを確認する必要がある。言い換えると、糞をくまなく探したうえで、糞が見つかった場所の環境を評価しなければいけないということになる。

そこで、私は次のような調査をおこなうことにした。調査エリアをマッド・ボルケーノの周囲五〇〇メートルにあらかじめ定めたうえで、二つの方法で糞を探した。一つ目の方法は、この範囲内に設置した幅五メートル、長さ五〇〇メートルのベルト・トランセクト二本で、徹底的に糞を探すという方法だ。この方法では、一つの糞も見落とすことのないよう慎重に十分に長い時間をかけて探す。もう一つは、森の中の歩きやすい場所を、できるだけ長い距離歩いて探すという方法だ。この方法では、糞の見落としもある程度までは許容する。前者の方法では、十分な数の糞が見つかるか不安だ。後者の方法では、情報の精度が不安だ。しかし、これら二つの間で、糞が落ちていた環境に違いがないことが確認できたとすれば、両方のデータを使っていいことになる。

できれば、統計的な解析に耐えるだけのデータ数を確保したい。そこで、得意(?)の体力勝負ではなく、人海戦術に頼ることにした。調査二年目は、(その前年は、所属する研究室が決まらず申請することすらできなかった)日本学術振興会の特別研究員(DC2)に採択されており(研究課題は、「人為的撹乱に強い種は弱い種の生態的機能を代替できるのか?——種子散布に関して——」)、人件費の比較的安い調査アシスタントを雇用する程度の資金は確保することができていた。共同生活をおくっていたSOS Rhino(「コラム SOS Rhino」参照)のスタッフに協力をお願いしたところ、彼らは相場よりもはるかに安い金額で協力に応じてくれた。私は、信頼できる数人を選び、あらかじめ散策ルートを決めたうえで、手分けして糞を探してもらうことにした。この時期、森の中で見つかる糞はほぼ一〇〇パーセント、*L. aculeata*の種が含まれており、パームシベットの糞のある環境は、そのまま*L. aculeata*の種子が散布された環境とみなすことができた(写真3・1)。*L. aculeata*の果実は、パームシベットだけでなく、ブタオザルによっても頻繁に食べられており、ブタオザルが散布した種子もよく見つけることができた。彼らは、口にした果実をいったん頬袋に納めた後、果肉を取り除いて、種子を吐き出していた(飲み込むこともあったが、ひじょうに稀だった)。調査では、これらのブタオザルが吐き出した種子も探してみることにした。

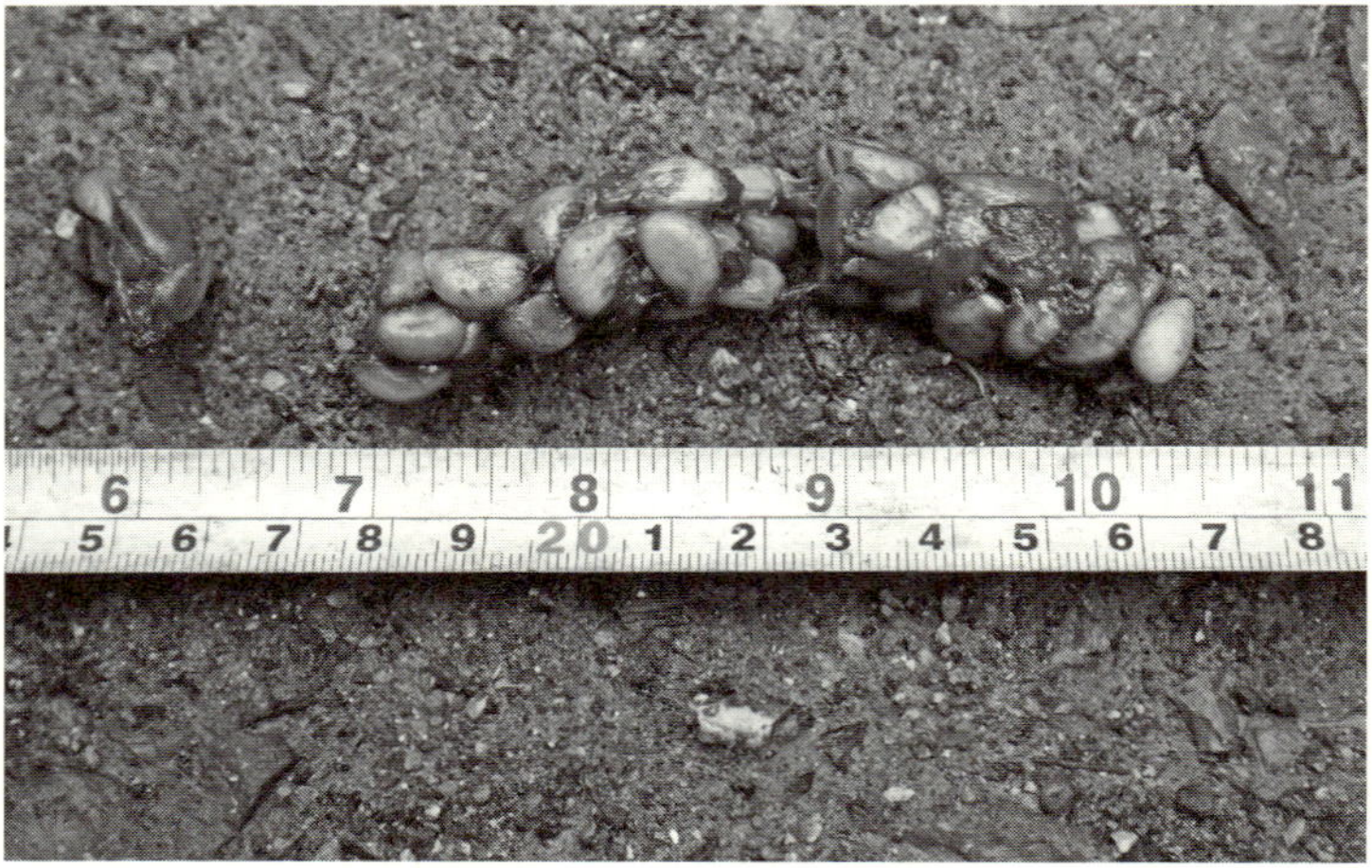

写真３・１　*Leea aculeata* の種子を含んだパームシベットの糞.

実際に調査をおこなってみると、体力勝負の孤独な戦いよりも、人海戦術は、はるかに楽しいものだった。マレーシア人は、日本人以上に、大勢でワイワイしながら仕事をするのが好きな人が多い（私は、ふだんは大の苦手なのだけど）。みんなでやっていると、糞探しも、宝探しをしている気分になれる。調査を始める前は、十分な数の糞を発見できるかどうかという不安もあった。森の中に落とされた糞は、あっという間に分解が進んでしまい、発見することが困難になるからだ。しかし、SOS Rhino のスタッフが協力してくれたおかげで、糞は次々に見つかった。彼らは、毎月一〇日は森の中でキャンプしているだけあって、森の中を歩くのがひじょうにうまい。調査エリアは藪漕ぎしないと前に進めないところも多いのだが、パランを片手にじつにすいすいと進んでいくのだ。それに、私に比べて抜群に視力がよく、絶対に気づかないようなはるか遠くにある糞をいち早く発見してしまう。

(二) 散布環境の評価

散布された種子を見つけたら、今度は、散布された場所の細かい特徴（微小環境）を定量的に評価する。微小環境の特徴としてどのような項目を記録すればよいか、事前に検討しておいた。判断基準は、どういった環境要因が、種子の生存、成長へ影響を与えそうか、パームシベットがどういう基準で糞をする場所を選んでいそうか、ということだ。最終的に選んだのは、次の六つの環境条件だ。

①開空度
②リター（落葉）の深さ
③糞の周囲、半径五メートル以内にある大径木の植物（胸高直径一〇センチメートル以下）の本数
④半径二メートル以内にある中径木（胸高直径一〇センチメートル以上）の本数
⑤半径一メートル以内にある小径木（地面から三〇センチメートルの高さで直径が一センチメートル以下のもの）の本数
⑥半径二メートル以内にある *L. aculeata*（胸高直径二センチメートル以上）の繁殖個体の本数

①の「開空度」とは、「森の中から空を見上げた場合、何パーセントくらい空が見えるか」という値で、光条件を定量化したものだ（「コラム 魚眼レンズで調査」参照）。②の「リターの深さ」は裸地かどうかの評価。

糞のあった場所に（いったん糞を脇によけて）爪楊枝をさし、刺さった落葉の数を数えてみた。③～⑤は、どの程度、開けた環境であるかを評価している。⑥は同種結実木からの距離（距離が近いと、種子や実生の死亡率が高くなることがある）を測定している。これらを、パームシベット、ブタオザルが種子を散布した場所と、調査エリアからコンピューターを使ってランダムに選択した場所で評価した。簡略化のために、これらの場所をそれぞれ、シベットサイト、ブタオザルサイト、ランダムサイトと呼ぶことにする

散布環境の評価は、さすがにSOS Rhinoの人たちに頼むのは気がひけた。彼らには糞探しに集中してほしい。また、精度のうえからも自分で手を動かしてデータ取得をした方がよい。十分な数のGPSがあれば、見つけた場所を記録してもらって、あとから環境評価をおこなえばよかったが、高価なGPSを何台も購入するほどの余裕はさすがになかった。そこで、原始的に、糞を見つけたら大声で私を呼んでもらうことにした。森の中で糞を探し、見つければ奇声を発する集団の誕生だ。タビンには、観光客用の施設があり、毎日のように白人や日本人が見学に訪れる。観光客には、奇声を発する私たちの存在はじつに不思議だったにちがいない。白人や台湾人はなにをしているのかをよく尋ねてきたが、日本人観光客は、不思議そうに遠巻きに私たちを見るだけだった。私も（服装も髪型も肌の色も）かなり現地人化が進行していたので、そもそも日本人であると気づいていなかったのかもしれない。日本語で交わされる観光客の会話を、わからないふりをして聞いているのは、けっこう楽しかった。

コラム　徹夜でカラオケパーティ

私は、タビンの野生動物局の宿舎の一室を無料で借りて、二年近い期間をタビンですごしていた。野生動物局や森林局が管理する保護区の宿舎は、長屋であることが多く、それぞれの部屋にスタッフが住んでいる。私は、SOS RhinoというＮＧＯの現地スタッフと同じ長屋に住んでいた。タビンの広大な森には、ボルネオ島全土でわずか五〇頭ほどしかいないといわれるスマトラサイ *Dicerorhinus sumatrensis* の生息が確認されている。SOS Rhinoは、タビンでのスマトラサイの生息状況を確認するために、定期的に現地スタッフが森に入り、サイの足跡、糞などの痕跡調査を継続しておこなっていた。私が長屋で一緒に暮らしていたのは、現地調査のためにおもに近隣の村からやってきた十数人の二〇代から三〇代の若者だった。

SOS Rhinoのスタッフには、本当に親切にしてもらった。仲良くなってからは、夕食はほとんど毎日彼らが料理してくれて一緒に食べていたし、ラハ・ダトゥの街に用事ができたときには、彼らの車に同乗させてもらった。彼らとのたわいもない話は、私にとっては最高の気分転換だった。もちろん、共同で生活をおくっているとたいへんなこともある。とくに困ったのは、彼らの数少ない楽しみの一つがカラオケだったことだ。彼らは二チームにわかれて、毎月一〇日ずつ、交替で森の中に泊まり込んで調査を続けていた。森に入る前日になると、宿舎での最後の日を楽しむために、盛大なカラオケパーティを始める。ほとんど徹夜で、マイクを使って歌い続けるのだ（彼らはお金をだしあって、専用のカラオケセットと巨大なスピーカーを購入していた）。あまりにもうるさいので、まったく寝付けない。途中から、カラオケの日と、パームシベットの個体追跡を合わせることにして、騒音から逃れることにしていた。彼らのカラオケの爆音は、森にいてもかすかながら聞こえてきた。森で聞く彼らの歌声は、一人で真っ暗な森で調査をする心細さを解消してくれた。

コラム　魚眼レンズで調査

植物にとって、太陽光は、生存・成長の鍵を握るもっとも重要な資源だ。光環境を定量的に評価するためには、魚眼レンズを使って全空写真を撮るとよい（写真）。きちんとした射影方式（正距離射影方式、等立体角射影方式など）が採用されているものを使えば、全空写真から、比較的容易に開空度を推定することができる。専用のソフトもインターネット上で無料公開されている。ソフトを使って開空度の推定をしていると、なにも難しいことはしていないのだけれど、一人前の研究者になった気分になれる。

魚眼レンズの問題は、値がかなりはることだ。昔、ニコンのCOOLPIXというコンパクトデジタルカメラに装着可能な魚眼レンズが販売されていた。価格もお手頃だし、もち運びにも便利だった。しかし、私が博士課程に入る前に、販売中止になってしまった。私が現在使用しているのは、一眼レフ用のシグマ製の魚眼レンズだ。シグマ社のホームページにも「全天の雲量測定や森林の植生分布の測定など、学術用途に使用が可能です」と書いていて、信頼のおける機器であることは間違いない。しかし、値段も高いし、一眼レフに魚眼レンズを装着すると、とにかくでかくて重くてかさばる。私の研究の必需品にはなっているが、フィールド向きではない。コンパクトな魚眼レンズが発売されるのを待ち望んでいる。

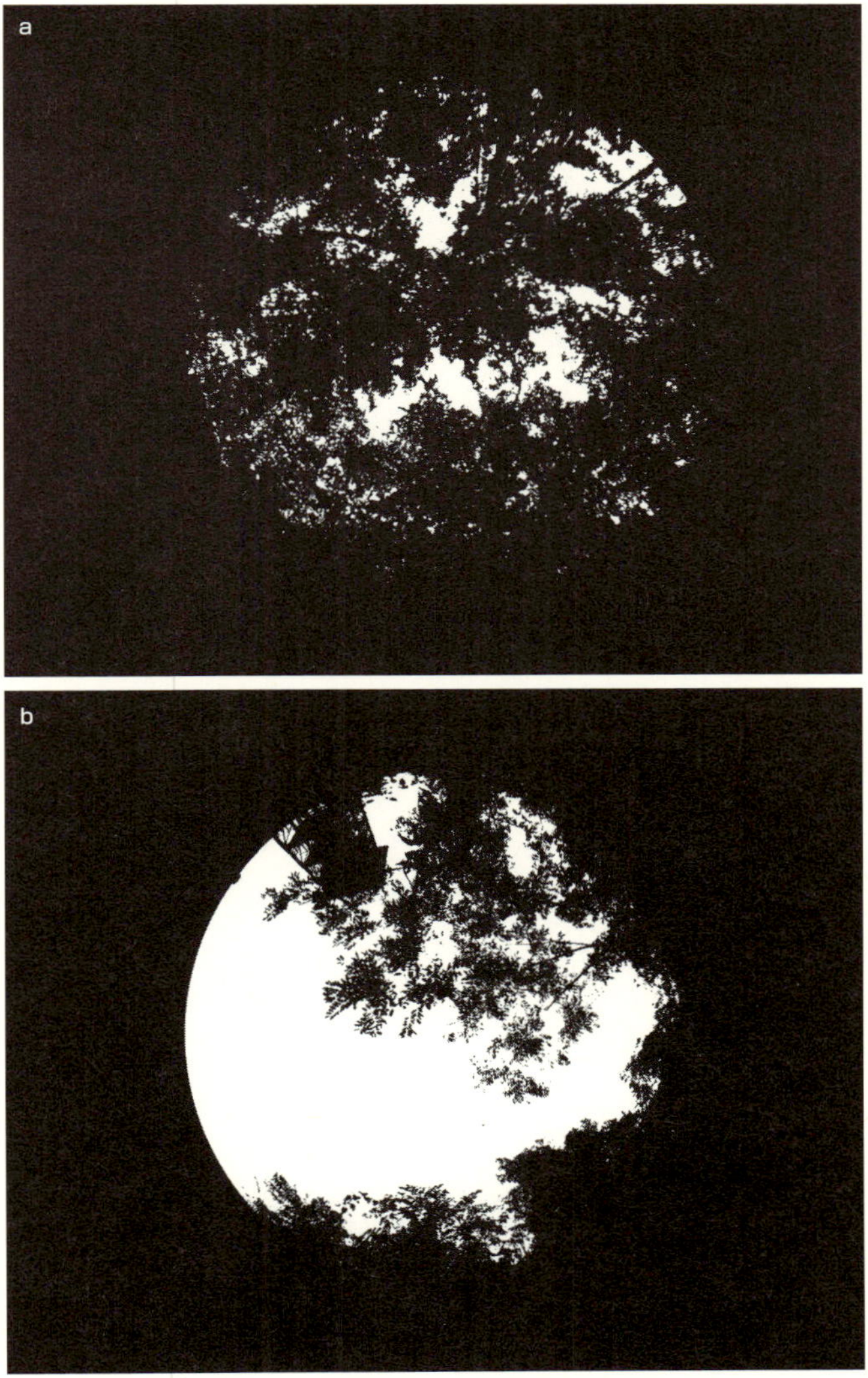

写真　魚眼レンズで撮影した全空写真．林冠が閉じた場所(a) と開けた場所(b)．

散布先の環境

一連のフィールドワークを終えた後、取得したデータを、さっそく解析にかけてみた。タビンでは、野生動物局が一日中大きな発電機を回しており、いつでもパソコンを使うことができ、とってきたばかりの新鮮なデータの解析が可能だった。一般に、生態学の研究は、調査計画→フィールドワーク→データ解析→論文執筆と推移していく。私にとって、データ解析こそは、この一連の流れの中でもっとも好きで楽しい過程だ（私の場合、好きな順に、データ解析→調査計画→論文執筆→フィールドワークとなる。フィールドワークは、言葉の問題だけではなく、体力・精神力の限界まで追いつめてしまうという性格とアレルギーのため体が常にかゆいという事情によって、つらいものとして記憶されてしまう）。

それでは、いったい解析結果から、どんなことが読みとれるだろうか？

解析の結果、三つのサイト（シベットサイト、ブタオザルサイト、ランダムサイト）の環境には、はっきりとした違いがあることがわかってきた。調査期間中に、シベットの糞、ブタオザルの吐き出した種子を、それぞれ九六個、七三個みつけることができた。また、比較対象として、一五〇ヶ所のランダムサイトの環境評価をおこなった。DNA分析の結果、シベットの糞九六個のうち、七八個が、パームシベットのものであると確認できた。統計解析は、これらを対象にしておこなった。

まず単純にそれぞれの環境データをサイト間で比較してみよう。シベットサイトとその他のサイトには、いくつかの項目で統計的に有意な（偶然には生じえないような）違いがある（表3・1）。違いがある

表3・1 シベットサイト，マカクサイト，ランダムサイトにおける各環境の平均値(標準偏差)

	シベットサイト	ブタオザルサイト	ランダムサイト	F^*
開空度(%)	84.2[a] (4.4)	86.3[b] (3.4)	86.4[b] (3.0)	9.4*
リターの深さ(枚)	1.3 (1.3)	1.7 (1.1)	1.7 (1.3)	2.8
大径木の本数	1.0[a] (0.9)	3.4[b] (2.0)	3.4[b] (1.8)	13.7*
中径木の本数	2.4[a] (1.9)	5.1[b] (2.9)	5.5[b] (2.8)	55.7*
小径木の本数	2.9[a] (2.8)	5.2[b] (3.5)	4.9[b] (3.1)	110.7*
L. aculeata の繁殖個体の本数	0.7 (0.7)	0.6 (0.7)	0.5 (0.7)	0.6

＊統計的に有意な差があったもの(ANOVA: Bonferroni-adujusted alpha value of 0.017)．「開空度」として表に掲載している値は，林冠が何％閉じているかの値(閉空度とよぶべき？)．

のは、①開空度、③糞の周囲、半径五メートル以内にある大径木の植物の本数、④半径二メートル以内にある中径木の本数、⑤半径一メートル以内にある小径木の本数の三つだ。まとめると、シベットサイトは、ランダムサイトやブタオザルサイトに比べて、「周囲にある大・中・小径木の植物の本数が少なく、光環境が優れた場所」だと言えそうだ。一方、ランダムサイトとブタオザルサイトとの間には、計測した環境特性に違いがない。言い換えると、パームシベットは一定の特徴をもった場所に糞をするのに対して、ブタオザルは、ほぼランダムに種子を散布していたことになる(Nakashima et al. 2010b)。狙いどおりの結果だ。

では、パームシベットの糞は、具体的にどのような場所に見つかったのか？　散布環境は、定性的にいくつかの場所に分類できた。少し丁寧にみておこう。

もっとも多かったのが、「小川の土手」(二九・二パーセント)と「雨水のとおり道」(二二・二パーセント)である。降水量の多いタビンの森には、いたるところに小さな小川がはしっている。パームシベットの糞は、川から少し離れた土や泥が堆積した「小

写真3・2　パームシベットの散布先の環境の一例．川ぞいの土手には開けた環境が多数あった．図の円内に生えているのは，*Leea aculeata* の実生．

川の土手」でよく見つかった（写真3・2）。「雨水のとおり道」というのは、大雨が降った後に、水が集まって鉄砲水となって流れていく場所である。タビンの森は、過去の伐採の影響で、林冠が大きく開けており、降った雨は、（樹木の葉によって遮られないまま）直接林床にまで達してしまう。このため、大雨の直後には、地形的に低い場所に雨水が一気に流れ込み、一時的な「川」（その多くは川幅一メートルを優に超える）がいたるところにできる。シベットは、雨水の影響で開かれたこれらの環境に選択的に糞をしていたということになる。おもしろいのは、小さな水たまりで、よく糞が見つかったことだ。（写真3・3）。これがシベットにとって、どういう意味をもつのかはよくわからないが、彼らがピンポイントで糞をする場所を狙っていることをよく示す結果といえるだろう。

その他の場所としては、「放棄された旧森林トレイル」(十九・四パーセント)、「林冠ギャップ」(十八・一パーセント)でもよく糞が見つかった。タビンの森には、わずかながら、森林伐採をした際のスキッドトレイル(木材引き出し用の道)の痕跡が残っている。一部のトレイルは、観光客用に維持整備されていたこともあったらしい。これが放棄されたものが「放棄された森林トレイル」である。一方、「林冠ギャップ」というのは、文字とおり、大きな木が倒れてできた林床まで光が差し込む森の隙間である。タビンの伐採林は、とにかく頻繁に大きな木が倒れてギャップができる。大きな木が倒れると複数の木を巻き添えにして倒れるために、かなり大規模なギャップが多数できる。パームシベットは、これらのギャップの倒木の上に、糞をしているのを頻繁に見かけた。

写真3・3 *Endospermum diadenum*の種子を含んだパームシベットの糞．糞は，水たまりに頻繁にされていた．右側には，足跡が残されている．

パームシベットの散布先は、さまざまだ。しかし、これらの環境には、共通性があるらしい。

図3・1は、シベットサイト、ブタオザルサイト、ランダムサイトそれぞれで得られた六つの微小環境データに対して、主成分分析をおこなった結果だ。「主成分分析」の詳細は統計学の教科書に譲るとして、ここでは、データを取得したそれぞれの地点(サイト)が、一つの点として表現されていること(ブタオザルサイトを示す△は、七三個あるはずだ)、それぞれの地

点の微小環境が似ているほど、点が近いところに落ちるということをふまえて、図3・1をじっくり見てほしい。

図3・1aからシベットサイトは、ブタオザルサイトやランダムサイトとは異なる微小環境をもってい

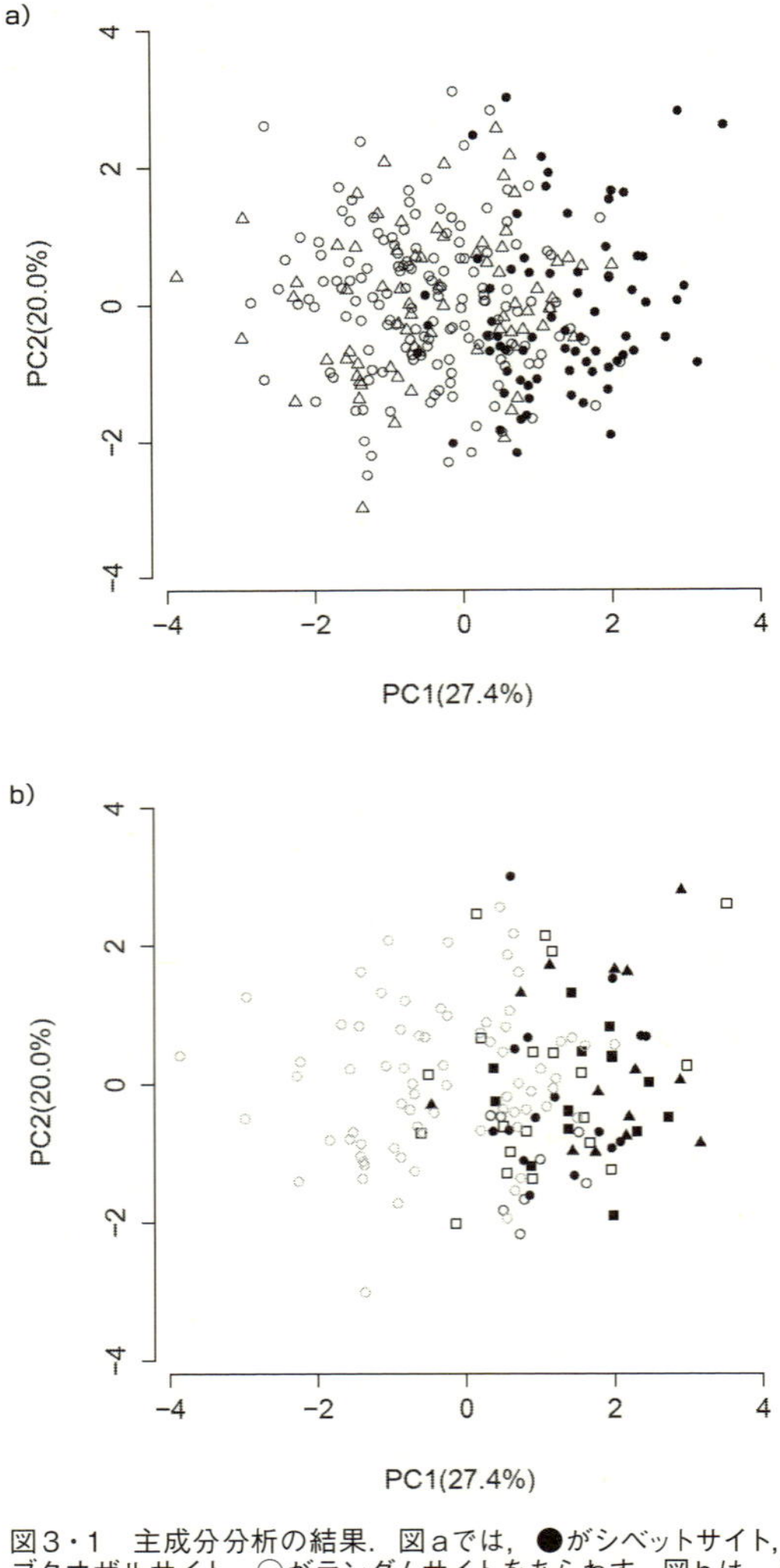

図3・1　主成分分析の結果．図aでは，●がシベットサイト，△がブタオザルサイト，○がランダムサイトをあらわす．図bは，シベットサイトの中で定性的な散布先環境ごとにマーカーを変えたもの．□：小川の土手，●：雨水のとおり道，▲：放棄された森林トレイル，■「林冠ギャップ」，その他：○．各散布先環境がシャッフルされたかたちでプロットされている．

ること、ブタオザルサイトとランダムサイトは類似した微小環境をもつことがここからも読みとれる。しかし、一方で、図3・1bからは、シベットの糞がよく見つかった四つの場所(「小川の土手」、「雨水のとおり道」、「放棄された森林トレイル」、「林冠ギャップ」)の間では、点の分布に顕著な違いはなく、シャッフルされたかたちでプロットされている。このことは、四つの場所のうちどこで発見されたものであろうが、類似した微小環境に糞がされていることを意味する(煩雑になるので詳しくは述べないが、シベットサイトの特徴は、この分析からも、「周囲にある大径木・中径木の植物の本数が少なく、光環境が優れた場所」という特徴をもつことがわかる)。すなわち、パームシベットは、特定の微小環境を備えた場所に選択的に糞をする習性をもっており、こうした特徴をもった環境をもつのが上記の四つの場所だったということになる。

散布後への影響

予想したとおり、糞をする場所(散布先の環境)に一定の特徴があるのは、確かなようだ。これはこれとして、ひじょうにおもしろい現象だ。しかし、私が興味のあるのは、こうした特徴のある環境に運ばれた種子がどうなるかだ。パームシベットによる非ランダムな種子散布は、*L. aculeata* の種子の生存・成長にどのような影響を及ぼしているのだろうか?

さらにフィールド調査を続けた。シベットサイト、ブタオザルサイト、ランダムサイトそれぞれに、*L.*

aculeata の種子を一〇個ずつ実験的に設置し(口絵5)、これらの種子の生存・成長を一年間にわたって追跡調査することにした(口絵5)。*L. aculeata* の種子は休眠性をもたないので、一定期間発芽しなければ種子は死んだとみなすことができる。

実生の追跡をすると、目の前に生えている樹木が、いかに多くの困難を乗り越えて今に至ったかがよくわかる。設置した種子は、やがて発芽し、少しずつ成長していく。順調に大きくなっていくのは、ごくごくわずかだ。無情なもので、イノシシに踏みつけられたり、倒木の下敷きになったり、あるいは、虫に新芽を食べられたりして、多くの実生はあっという間に死んでいく。しかも、実生の生存と死亡は、かなり偶然によって左右されているということがよくわかる。まったく不条理な世界だ。せっかく大きくなった実生が弱ってきたりすると、私もつい「がんばれ」と応援したい気持ちになってくる。私は研究対象への愛が足らないとよく指摘されるし、実際そのとおりだとも思う。だけど、実生にだって情がわくぐらいに人間的な感情をもってはいるのだ!?

追跡をしている間、一年後にどんな結果になるか、ドキドキしながら見守った。追跡をはじめてからしばらくたつと、おおよその傾向が見えてきた。パームシベットによる散布がもたらす結果は、少々ややこしいところを含んだものになりそうだった。というのも、種子の生存・成長パターンは、散布先の環境が「小川の土手」、「雨水のとおり道」、「旧森林トレイル」、「林冠ギャップ」の四つのうちどれに該当するかで、まったく対照的だったのである。

「雨水のとおり道」に散布された種子は、実生として定着することはできても、雨が降るとあっという間に根っこから流されてしまった。「旧森林トレイル」に散布された種子も、動物による食害や踏みつけを頻繁に受け、どんどん死んでいった。パームシベットの種子散布を研究している立場からすると、ひじょうに残念な結果だ。パームシベットは最悪の散布者だということになりかねない。しかし、その一方で、「小川の土手」や「林冠ギャップ」に設置された種子の生存・成長パターンはまったく対照的なものだった（図3・2）。ブタオザルサイトやランダムサイトと比べて、順調に実生が成長していく。「雨水のとおり道」や「旧森林トレイル」との違いは、物理的な攪乱頻度の違いによるらしい。先ほど書いたとおり、「小川の土手」に運ばれたシベットの糞は、川から少し離れた土が堆積した場所にされることが多い。洪水が起こっても、これらの場所には水は到達せず、実生が物理的なダメージを受けることは稀だ

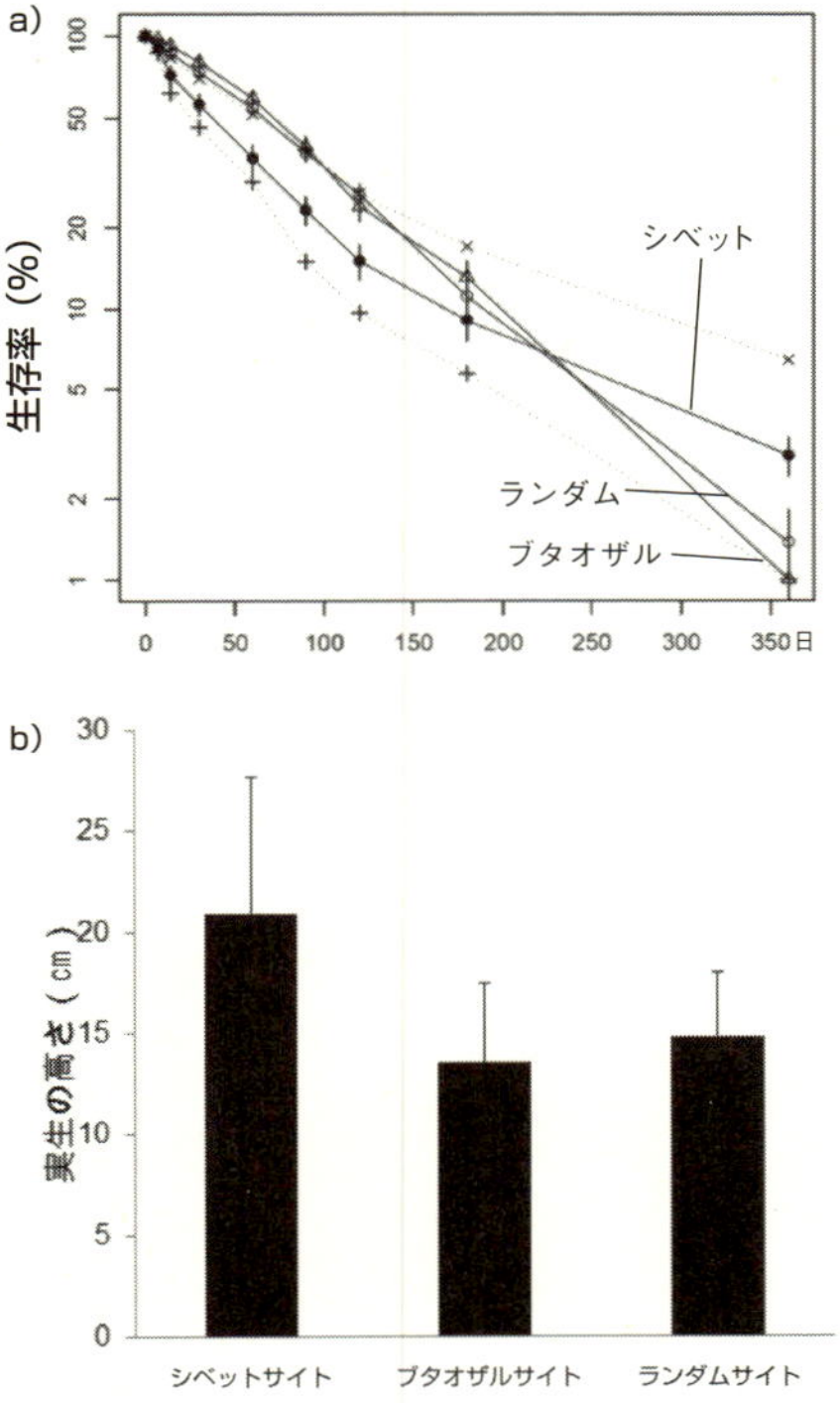

図3・2　実験的に設置した*Leea aculeata*の1年間の生存曲線(a)と1年後の実生の高さ(b)．1年後の実生の生存率・実生高とも，シベットサイトにおいて統計的に有意に高くなった($P < 0.001$)．●：シベットサイト，△：ブタオザルサイト，○：ランダムサイト．シベットサイトのうち，小川の土手や林冠ギャップ(×)，雨水のとおり道や旧森林トレイル(+)の結果を別に示した．

写真３・４　パームシベットによって散布された種子由来の実生.

った。また、「林冠ギャップ」に運ばれた種子も、ときに倒木の下敷きになって死亡することはあったが、雨水や動物の踏みつけによる死亡はめったに見られなかったのである。

そして、一年後。得られた結果は、ひじょうに興味深いものだった。種子の生存率・成長率を全体で比較すると、パームシベットによって運ばれた種子は後者の好適なサイトに運ばれた効果が大きくなり、他のサイトより統計的に有意に高い生存・成長を示すことがわかった（図3・2）。一年間の生存曲線は、運ばれる場所による影響の違いを鮮明に反映している。種子を設置してから最初の六ヶ月間は、「雨水のとおり道」や「旧森林トレイル」に運ばれた効果がでて、生存率は他サイトよりも低いままだ。しかし、それから一年後までの間に、「小川の土手」や「林冠ギャップ」に運ばれた効果がでてくる。その結果、生存率はやがて逆転し、シベットサイトで高くなる。一年後に生き残った実生は、どんどん成長し、やがては繁殖齢へと達していくにちがいない。もちろん、「パームシベットによる散布が、*L. aculeata* の個体群動態全体の中でどの程度重要であるか」については、今後さらにシミュレーションを使って詳細に検討する必要があるだろう。しかし、*L. aculeata* が光要求性の強いパイオニア植物であることを考えれば、パームシベットの *L. aculeata* の更新過程における重要性は明らかだろう。

二つ目の仮説

「なぜ、パームシベットは、開けた環境にわざわざ糞をするのか」というのは、誰もが気になることかもしれない。話の都合上、この議論は、しばらく置いておいて、二つ目の仮説「パームシベットは、大きな種子を飲み込んで散布する習性をもつ。この習性は、大型種子を長距離散布することにつながり、荒廃した森林の回復・涵養を進める効果がある」に話をうつすことにしよう。こちらも、なかなかおもしろい。

調査をはじめる前の段階で、比較対象であるブタオザルが飲み込むのは、ひじょうに小さいものに限られることがわかっていた。ブタオザルが属する霊長目オナガザル科の動物は、ほほ袋という器官をもっており、ここで種子を慎重に取りのぞいて食べることがすでに明らかにされていたからだ(Lucas and Corlett 1998)。もっともしっかりした調査がおこなわれているのは、ブタオザルの近縁種カニクイザル *Macaca*

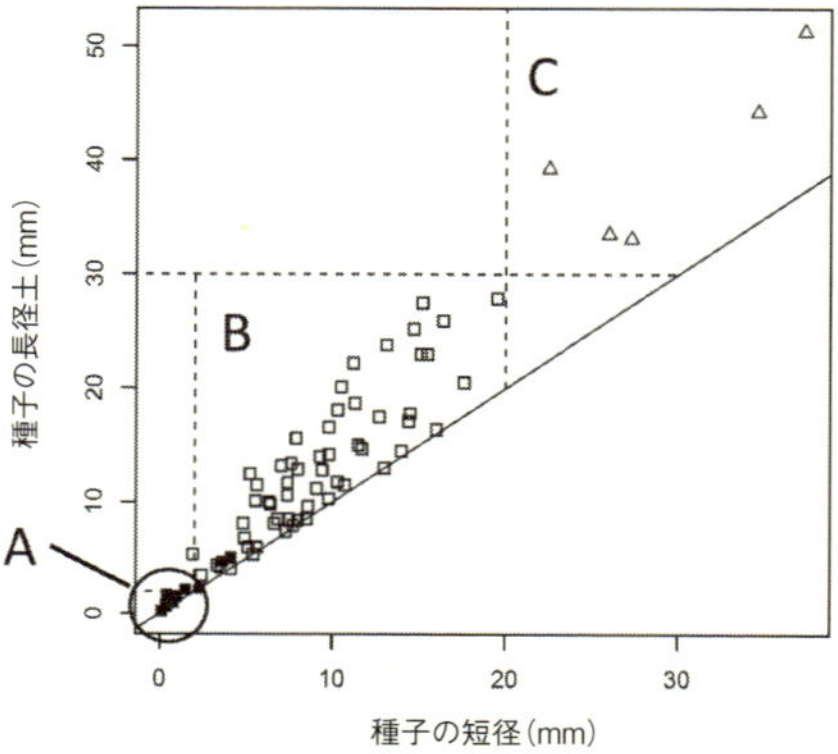

図3・3　カニクイザル *Macaca fascicularis* の種子の扱い．種子のサイズによって，食べ方が厳密に決まっている．A：飲み込む，B：頬袋に入れた後吐き出す，C：手でもって可食物を食べて種子は捨てる（Lucas and Corlett 1998を改編）．

fascicularis（体重四〜一〇キログラム）だ。カニクイザルの種子の扱い方は、種子サイズによって厳密に決まっている。図3・3を見てほしい。図のAの範囲のサイズの種子（種子長径・短径が約二ミリメートル以下のもの）は飲み込まれるが、それ以外のものは、ほほ袋に入れた後吐き出されるか（Bの範囲）、手で持って可食部を食べた後、種子を捨ててしまう（Cの範囲）。私の調査対象のブタオザルは、カニクイザルより体サイズが大きいため、種子の扱いのサイズ依存性は、もう少しあいまいになる可能性はある。しかし、糞に含まれる種子は、最大でも五ミリメートル程度だった。

では、パームシベットは、どれくらいの大きさの種子まで飲み込んで散布しているのだろうか？　そして、種子の飲み込み散布は、吐き出し散布とは違った結果をもたらすのだろうか？

（一）飲み込む種子サイズ

タビンでも、デラマコットと同様、道路上で採取した食肉目の糞の中には、ドリアンにも匹敵するような大型の種子が、しばしば観察されていた。最大のものは、センダン科 Meliaceae の *Aglaia grandis* という木本の種子で、長径二八・六センチメートル、短径二〇・三センチメートルにもなる（写真3・4）。ただし、外見だけからでは、パームシベットのものかどうかは決められない。この問題を決着させるためには、DNA実験をおこなって、糞の由来主を確かめなければならない。

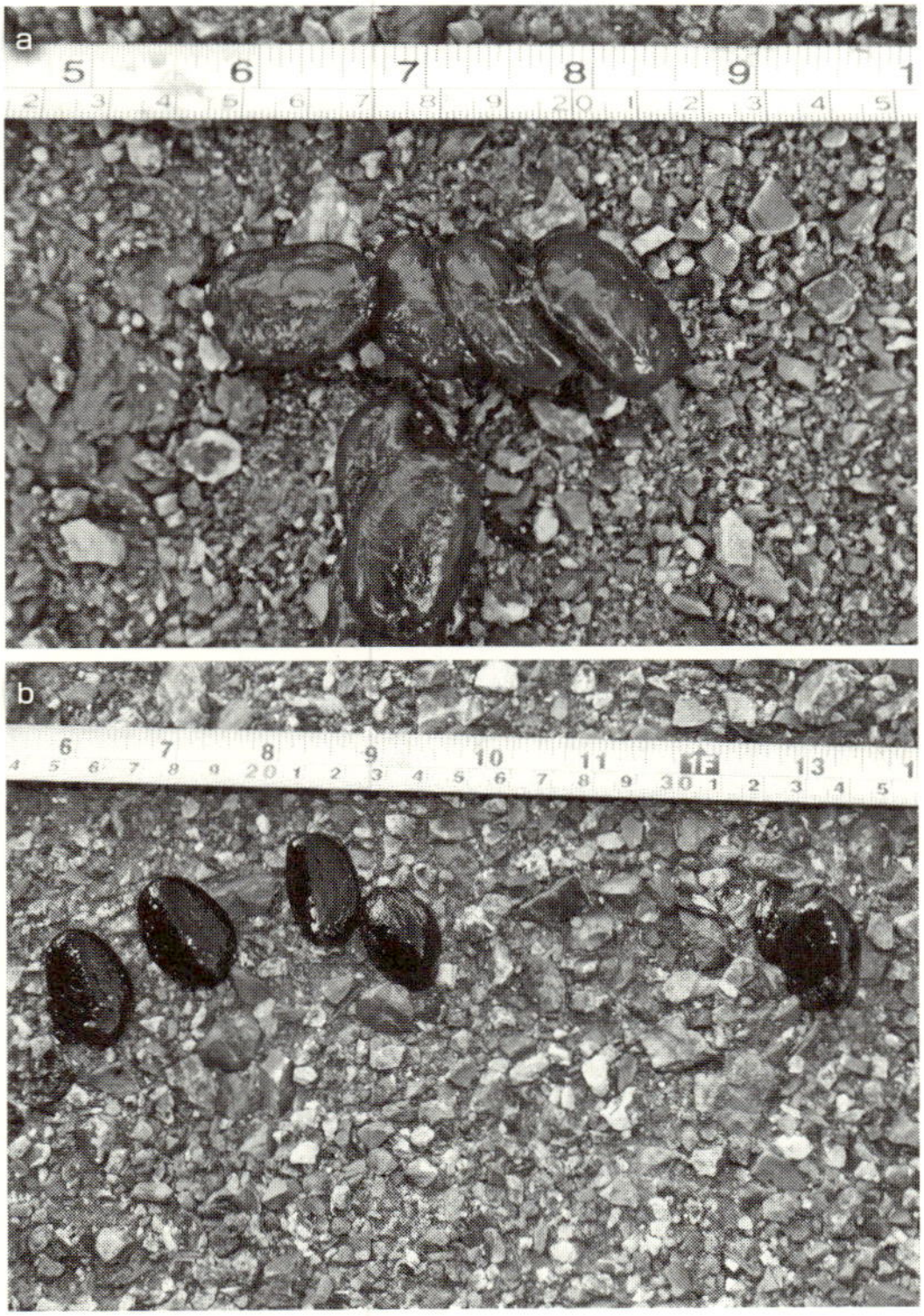

写真3・4　大型の種子を含んだ糞.（a）は，センダン科の *Aglaia grandis*（長径28.6cm，短径20.3cm），（b）は，ヤシ科の *Arenga undulatifolia*（長径28.0mm，短径19.4mm）. DNA実験の結果，パームシベットの糞であることが確かめられた.

正直なことを言うと、これらの大型種子を含んだ糞が、本当にパームシベットのものかは、私も半信半疑だった。さすがに、このサイズの種子は、体重二〜三キログラムにすぎないパームシベットが飲み込むにしては大きすぎる気もする。人間にとってみれば、リンゴやナシを（噛まずに）丸呑みにするのと同じイメージだ。もしかしたら、これらの糞は、マレーグマ *Helarctos malayanus*

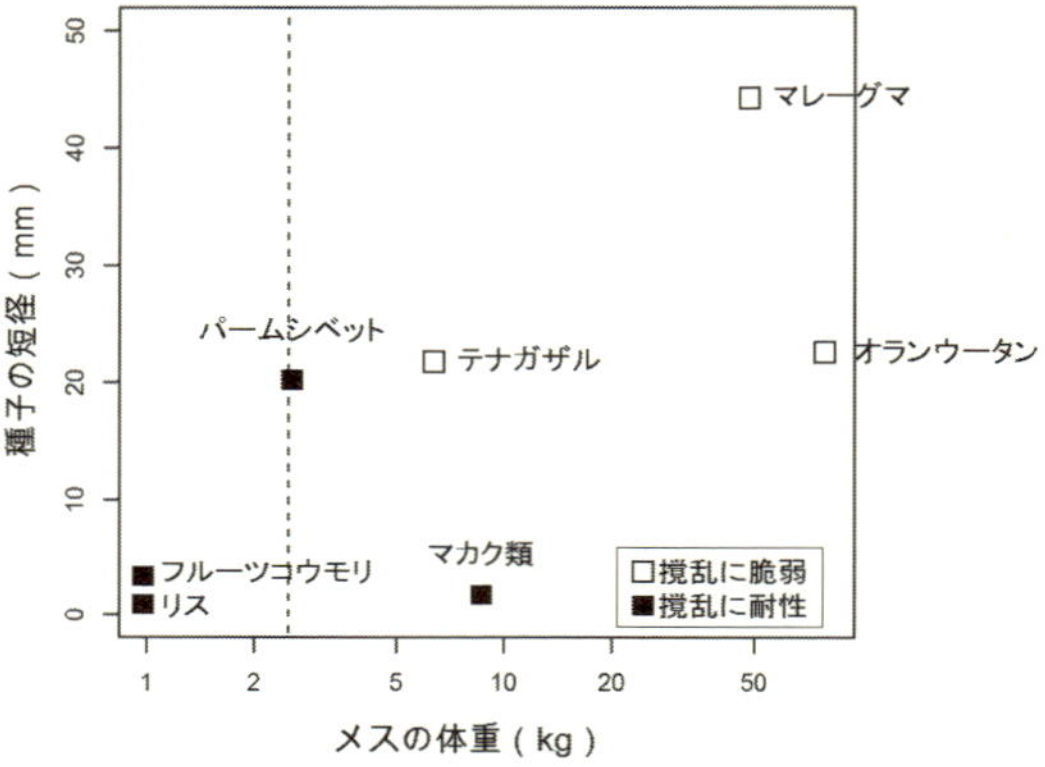

図3・4　ボルネオ島の各果実食動物が飲み込む最大種子サイズ．パームシベット以外の種子サイズのデータは，McConkey2009より．体重のデータは，Payne et al. 1985より取得．

のものかもしれない。マレーグマは、世界最小のクマとはいえ、体重五〇～六〇キログラムにもなる。ドリアンの有効な散布者になっている可能性が高いことは、第一章で紹介したとおりだ。

　しかし、帰国後におこなった実験は、予想外の結果を示していた。大型種子を含んだ糞のほとんどが、パームシベットのものだったのだ（Nakashima et al. 2010a）。驚いたことに、もっとも大きな *A. grandis* を含んだ五つの糞はいずれも、すべてパームシベットのものであることも確認できた。この他にも、ヤシ科 Arecaceae の *Arenga undulatifolia*（長径二八・〇ミリメートル、短径一九・四ミリメートル）、カキノキ科 Ebenaceae の *Diospyros discocalyx*（長径二六・〇ミリメートル、短径一三・二ミリメートル）などの大型種子を含む糞もパームシベットのものだったのだ（写真3・4）。

　これがいかに驚きの結果であるかは、ボルネオ島の他の果実食性哺乳類と比較するとよくわかる。図3・4に、ボルネオの代表的な果実食哺乳類が飲み込む最大の種子サイズの推定値と体サイズとの関係を示した。パームシベット以外の種子サイズのデータは、ボルネオ島の種子散布者について論じた

McConkey（2009）に基づいている。パームシベットが飲み込んだ *A. grandis* の種子サイズは、はるかに体サイズの大きいテナガザルやオランウータンの記録に匹敵する。この図に示したのは、飲み込む「最大の」種子サイズなので、もしかしたら、同じサイズの種子を吐き出す、あるいは歯で破砕して壊す頻度は、種間で差があるかもしれない。たとえば、オランウータンは、かなりの種子を破砕してしまうらしいことはすでに第一章で紹介した。しかし、パームシベットが、短径二センチメートルの種子を飲み込むのが例外的な現象かといえば、そうではない。彼らの糞の中には、先に挙げた種だけではなく、同定できなかった大型種子が高い頻度で観察されているのだ。

　人為的な攪乱が入って大型動物が失われた環境下では、とくにパームシベットが大型種子を飲み込み散布できる貴重な存在になっている可能性が高い。同じく図3・4には、それぞれの動物が、人為的な環境の改変に対して脆弱か耐性をもつかについても、Corlett（2001）に基づいて示している（□は耐性種、■は脆弱種である）。ボルネオ島の熱帯雨林では、哺乳類は好んで食べるが、鳥類は食べない果実をもつ植物が存在することが知られている。これらの植物にとって、パームシベットが唯一の飲み込み散布者となっている場所も多いと考えられるのだ。

(二) 飲み込まれることの意義

　パームシベットは、ブタオザルに比べて、はるかに大きな種子を飲み込んでいた。しかし、種子は飲み込まれずとも、親木から離れた場所に運ばれることはある。たとえば、ブタオザルを含むマカク属のサルは、種子をほほ袋に入れたり、手に果実をもったまま移動したりすることがある(カニクイザルは、ドリアンの果実を手で運んでから食べていた)。では、パームシベットのように飲み込み散布をする動物とブタオザルのように吐き出し散布をする動物の間では、何が違ってくるのだろうか? 種子の発芽率に与える影響など、いくつかの可能性がある。ここでは、その一つの散布距離に注目してみよう。

動物による散布距離は、種子の保持時間(動物が種子をどのくらいの時間、手や口、あるいは消化管に種子をとどめているか)と動物の移動速度によって決まる。種子を長い時間保持していて、その間に直線的に長距離移動できる動物が、長い距離を散布するということになる。種子保持時間と、移動速度、それぞれのデータを取得できれば、ラフな散布距離の推定をおこなうことができる。直感的に考えると、種子を飲み込む動物は、吐き出す動物にくらべて保持時間が長くなるので、種子を遠くまで運びそうだ。

この点を実証的に示すために、私は、次のような調査をおこなってみた。まず、種子の保持時間を計測するために、サバ州のセピロクのワニ園にお邪魔して、飼育個体を対象とした観察をおこなってみた。ワニ園には、パームシベットやブタオザルがともに飼育されている(成体のパームシベットの三頭、ブタオザル四頭)。これらの個体に、市場で売られているランブータン *Nephelium lappaceum*(写真3・5)の果実

写真3・5　実験に用いたランブータン.

三〇個ずつ与え、種子の保持時間を測定してみたのだ。ランブータンは、哺乳類によってもっぱら散布される大型種子植物の一種で、パームシベットも好んで食べる。大型哺乳類相の喪失による影響を真っ先にうけそうな植物といってもよい。ワニ園の飼育個体には、観光客が自由に餌を与えられるようになっている。残念ながら、人によっては、動物に大声を発したりして脅かしたりする人も多い。私はワニ園のスタッフにも協力をお願いして、実験中は観光客の餌やりができないようにしてもらった（そのかわり、私が観光客に観察されるはめになったが）。

野生の個体と違って、飼育個体は細かい行動までじっくりと観察できる。檻の前で果実を見せると、ブタオザルはわれ先にと檻の隙間に手を伸ばし、果実を手からもぎ取ろうとする。ある個体に果実を手渡すと、その個体は、ものすごい勢いで果実をもってその場を離れる。とどまっていては、他の大きな個体に果実を奪われてしまうのだ。計四個体それぞれに五〜一〇個の果実を与え、果実を与えられた動物たちの種子の扱い（種子を飲み込むか、吐き出すか、あるいは種子じたいを食べるか）と、それぞれの場合での種子の保持時間を記録することにした。観察していておもしろいのは、果実を手に入れたのが大きな個体であれ小さな個体であれ、果実をほほ袋に収めたとたん、騒然とした檻の中が水を打ったように静かになるということだ。彼らの社会では、ほほ袋に入れた瞬間、所有権が確立されるのかもしれない。一方、パームシベットは、果実を見せつけても静かなものだ。一番近くにいる個体がのそのそやってきて、口で果実を受取る。他の個体は、眠そうにこちらを見ているだけだ。彼らは夜行性だから、昼間は食欲もわかないのかもしれない。こちらも、一個体あたり、七〜一〇個の果実を与えた。

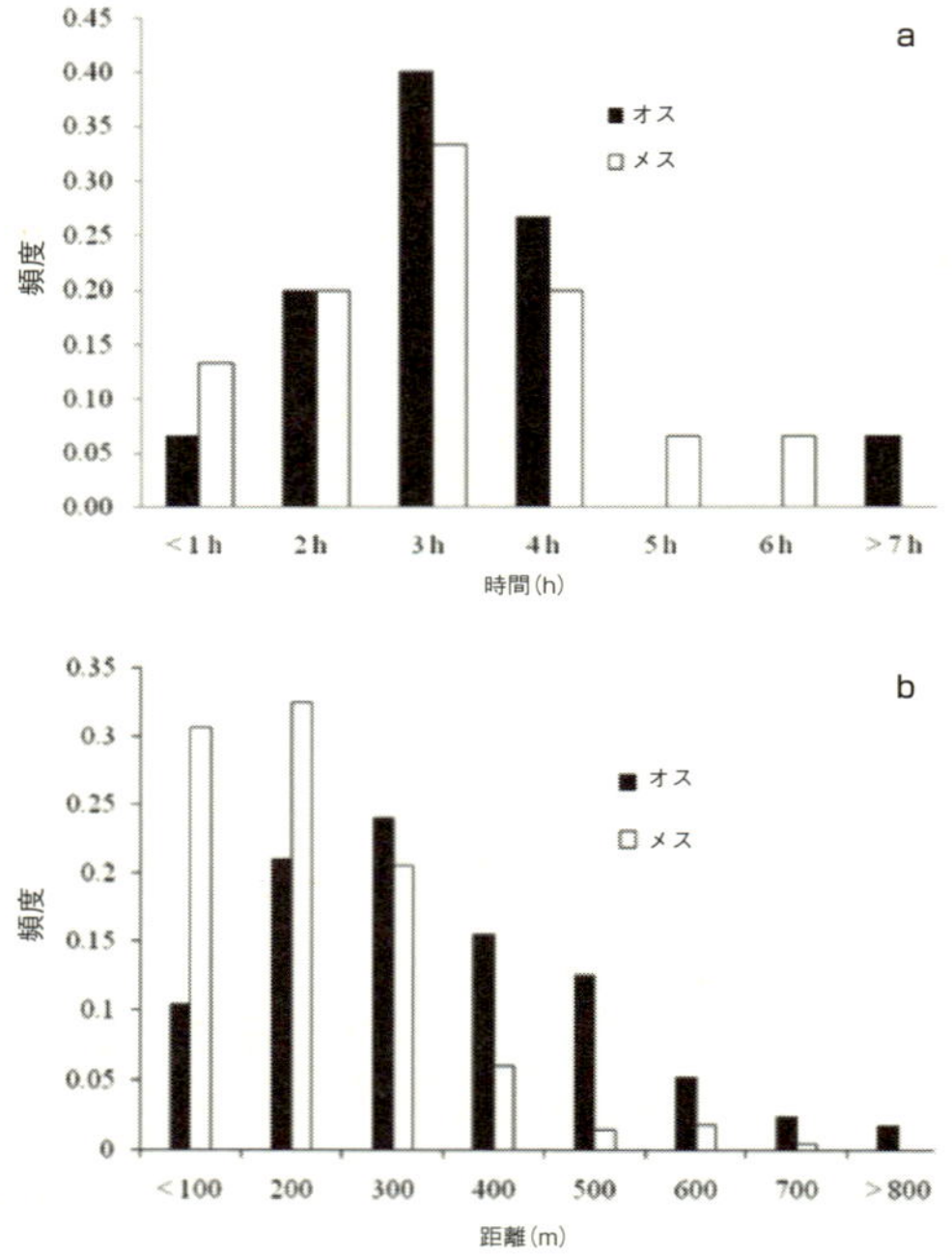

図3・5　パームシベットによるランブータン *Nephelium lappaceum* の体内滞留時間(a)と推定種子散布距離(b). 黒のバーがオス, 白のバーがメスによる散布頻度を示す.

こうして取得したデータに、移動速度のデータを加えればラフな散布距離の推定ができる。そこで私は、第二章で得た連続個体追跡の結果を利用することにした。ちょうど、私がゾウにぶっ倒されながら手にしたデータである。パームシベットの生態の解明だけではなく、彼らの種子散布者としての機能を明らかにするうえでも、苦労して取ったデータが役立ってくれたのだ。

これらの調査の結果、パームシベットの飲み込み散布は、吐き出し散布の何倍もの距離を散布することを確認することができた(Nakashima and Sukor 2010)。飼育個体の観察から、パームシベットは三〇個の内二〇個の果実を丸呑みするのに対して(その他一〇個は、吐き出した)、ブタオザルは種子を丸呑みにすることはせず、ほほ袋に収めて種衣を取り除いた後、吐き出すことが確認できた(六個の種子は、種子じたいを破砕し食べた）。この結果、種子保持時間は、ブタオザルでは、わずか一五七秒後（± 七四ＳＤ）にすぎなかったのに対して、パームシベットでは、一五五（± 六九ＳＤ）分（約二・六時間）に達した（図３・５）。移動速度のデータと合わせると、パームシベットでは、移動速度の速いオスでは平均二七〇メートル、遅いメスでは平均一五六メートル、オスでは最大一キロメートル以上の距離を散布しうることがわかった（図３・５）。一方、ブタオザルは、種子保持時間に、せいぜい数十メートルしか移動できなかった。

パームシベットは、大型の種子を飲み込み散布することで、もう一つの撹乱耐性種ブタオザルに比べると、はるかに長い距離、種子を運びうることが確認できたことになる。二番目の仮説「パームシベットは、大きな種子を飲み込んで散布する習性をもつ。この習性は、大型種子を長距離散布することにつながり、荒廃した森林の回復・涵養を進める効果がある」のうち、少なくとも前半部分は正しかったと言えそうだ。

検証結果が示すこと

私が得た結果をまとめると、次のようになる。

予想されたとおり、パームシベットは、一定の特徴をもった場所に糞をする習性があった。伐採道路のような場所だけではなく、森の中でも、「周囲にある大・中・小径木の植物の本数が少なく、光環境が優れた場所」に選択的に糞をしていることを確認できた。パイオニア植物 *Leea aculeata* にとって、こうした環境は、必ずしも好適なものではなかったが、「小川の土手」や「林冠ギャップ」に運ばれた種子は、高い生存率・成長率を示した。この結果、一年後には、ランダムに散布された場合、あるいはブタオザルによって散布された場合よりも、生存率・成長率が有意に高くなった(一つ目の仮説の検証結果)。

一方で、パームシベットは、非パイオニア性の大型種子の数少ない長距離散布者になっていた。ブタオザルを含むオナガザル科のサルは、攪乱環境下でも生き延び、重要な種子散布者と考えられている。しかし、彼らは種子を飲み込まず、短時間しか種子を保持しないため、短い距離しか散布しない。一方で、パームシベットは、種子を丸呑みにし、数時間にわたって種子を体内に保持するため、数百メートルの距離を散布する(二つ目の仮説の検証結果)。

では、これらの結果から、パームシベットがタビンの森で果たしている機能について、どのようなことが示されるだろうか？

まず、一つ目の結果が生じた背景を考えることから始めてみよう。いったい、なぜ、パームシベットは、わざわざ開けた一定の特徴をもった環境に糞をするのだろうか？　パームシベットが、将来の食料を確保するために、わざわざ好適な環境に運んでいるのだろうか？

もちろん、そうではない。「開けた場所」に糞をするという習性じたいは、じつは、パームシベットにかぎらず、多くの食肉目で見られることが知られている。日本でも、たとえばテン *Martes melampus* なども、特定のサインスポットに糞をする習性がある。登山道などを歩いていると、標高を示す標識の下に動物の糞が落ちているのを見かけたことがある人もいるかもしれない。あれは、テンなどの小型食肉目の糞である。タヌキ *Nyctereutes procyonoides* の場合は、糞を一定の場所にする傾向がより顕著だ。彼らは、同じ場所に何度も糞をして、「ため糞場」を形成する(ため糞場とは、長期間にわたって同じ場所に糞をすることで、糞が積み重なった場所をいう。言ってみればタヌキのトイレである)。食肉目の多くの種は、肛門に、匂いを含む物質を出す腺をもっており、糞にこの匂い物質を混ぜることで、個体間で情報のやり取りを図っていると考えられているのだ(MacDonald 1980)。先に紹介した「シベットの一種から香水の原料をとる」というのも、この習性があってこそといえる。

パームシベットの社会においても、この糞の匂いが、みずからの存在を誇示したり(情報の発信)、周辺個体の発情状態を確認したり(情報の読み取り)するために用いられている可能性が高い。パームシベットは、少なくともボルネオでは、タヌキのようなためだった「ため糞場」を作ることはない。しかし、私の調査から、複数の個体が同じ場所に繰り返し糞をしていることがわかってきた。同じ場所から回収された糞が、異なる配列をしたミトコンドリアDNAをもっていることが確認されたのだ。同一個体は同じミトコンドリアの塩基配列をもつから、それに違いがあるということは、複数個体が同じ場所に糞をしている確実な証拠だ。人間は聴覚や視覚を用いてコミュニケーションをとるため、匂いが果たす機能については、感覚的に理解しにくいところがある(「コラム　イエネコの糞を介したコミュニケーション」参照)。しかし、視覚の効かない森林性の食肉目の多くの種にとっては、糞の匂いも重要なコミュニケーション手段となっているのだ。

彼らの「開けた環境」への散布は、(*L. aculeata* 側のなんらかの適応戦略の結果ではなく)パームシベット側の事情がもたらした結果にすぎない。このことは、パームシベットが、*L. aculeata* にかぎらず、他の多くの植物も同様のやり方で散布していることを示すだろう。同時に、伐採道路や小川の土手のような場所にいち早く種子を運び、植生の回復を促す役割を担っている可能性もある。私が発見したパームシベットと*L. aculeata*との関係性は、タビンの伐採林を構成する数多くの種と結ばれているもので、タビンの森全体を形作る一つの要因になっている可能性が高いのだ。

しかし、二つ目の仮説の検証結果は、パームシベットの果たしている役割は、それにはとどまらないことを示唆している。彼らは、一方で、非パイオニア性の大型種子の長距離散布者としても機能しているのだ。しばしば誤解されることだが、長距離散布は、植物にとって、必ずしもありがたいものではない。親木の樹冠下に落とされた種子は、その生存・成長率が悪くなることは多いが、だからと言って、散布距離の増加に伴って、生存・成長率も直線的に増加していくということはけっしてない。長距離散布は、まったく異質な環境へと種子を到達させることにもなりかねず、かえって生存のチャンスを低下させてしまうことにもなる。パームシベットによる散布は、非パイオニア性植物にとっては、ブタオザルよりも有効性の低い種子散布者かもしれない。

一方で、長距離散布は、荒廃した森林を回復させていく過程では不可欠なものだ（「コラム　種子散布者としての重要性」の二つ目の観点）。タビンの調査エリアには、マッド・ボルケーノ周辺に断片状の原生林が残されていた。この他にもさらに小さい数へクタールの原生林が、地形の急峻な場所にパッチ状に残されている。これらの原生林には、荒れ果てた伐採林に比べて樹木の多様性が高く、そこでしか見られない植物も多い（野生のランブータンもその一つだ）。パームシベットの長距離散布は、原生林から伐採林へと多様な植物の種子を運び、伐採林の樹木多様性の回復に貢献するだろう。実際、発信機を付けたパームシベットは、原生林と伐採林を頻繁に行き来しており、伐採林で見つけた糞の中には、原生林でしか見られない植物の種子が含まれていることがよくあった。パームシベットの散布距離は最大でも、たかだか一キロメートルにすぎない。しかし、ごく小面積の原生林はいたるところに残されており、そこから一キロメートルの範囲内には、かなりの面積が含まれる。パームシベットによる長距離散布は、わずかに残された原生林が「種子源（seed source）」として機能させる効果をもつと考えられるのだ。

もちろん、パームシベットが、大型動物の機能を完全に代替できるかといえば、そうではないだろう。飲み込む種子サイズや散布距離という観点からだけ見ても、ゾウやマレーグマのような大型動物にはとうていかなわない（Corlett 2009）。たとえば、ミャンマーでは、アジアゾウは、半数以上の種子を一二〇〇メートル以上の距離を運ぶことが報告されている（Campos-Arceiz et al. 2008）。また、「個々の大型種子植物にとって、パームシベットはブタオザルやその他の果実食動物に比べて有効（effective）な種子散布者であるかどうか」、「光環境の優れた場所に、パイオニア性植物・非パイオニア性植物をともに運ぶことで、森林全体の更新にどのような影響をもたらすか」という二点については、さらなる調査が必要だろう。しかし、重要なのは、哺乳類散布型の大型種子を長距離運ぶことができる動物は、攪乱された森では、パームシベットくらいしかいないということだ。

コラム　糞の匂いを介したコミュニケーション

人間には想像することもできない世界だが、匂い物質を介した情報の伝達は、多くの食肉目で見られるものである。それは、ペットとして飼われているイエネコでも基本的には同じである。現在ボルネオでパームシベットの研究をおこなっている中林 雅さんは、当時所属していた京都工芸繊維大学の卒業研究のテーマとして、このテーマに取り組んだ。私も協力した研究なので、簡単に紹介しておこう。

彼女が示したのは、糞の匂いから、その糞が見知らぬ個体のものなのか、よく知った個体のものなのかを正確に判断できるということである。彼女は、まず、ネコカフェに協力をお願いして、餌条件を統一したうえで、飼われているイエネコの糞を手に入れた。これを別のネコカフェにもっていき、そこで飼われているイエネコに匂いを嗅がせ、嗅いだ時間をストップウオッチで記録した。同様の実験を、実験対象としたネコ、同じネコカフェで飼われている別個体の糞に対してもおこなった。

結果はひじょうに明確だった。実験対象にしたネコはいずれも、(一)自分の糞やふだん一緒にすごしている個体の糞に比べて、別のネコカフェ由来の糞をかぐ時間がはるかに長かった。しかし、(二)この実験を繰り返すと、見知らぬ個体の糞を嗅ぐ時間も急速に短くなっていくが、(三)嗅がせる糞を見知らぬ別個体のものの変えると、やはり嗅ぐ時間が長くなった。すなわち、イエネコは、糞がよく知った個体のものか、見知らぬ個体のものであるかをはっきりと判別できたのである。しかも、一度嗅いだ見知らぬ個体の糞の匂いを長期間にわたって記憶できるのだ。

ちなみに彼女は、この実験をおこなっていた当時、学部四回生で、昆虫のフェロモンコミュニケーションを専門にする研究室に所属していた。しかし、哺乳類好きの彼女は、いつの間にかイエネコを題材にした研究を始めてしまった。私もおもしろそうなので、可能な範囲で協力していたが、研究室の本来の分野から明らかに逸脱してしまっているので大丈夫だろうかと、内心ひやひやしていた。しかし、彼女は、着実に研究を進め、得られた結果を日本動物行動学会の英文誌『Journal of Ethology』に投稿し受理された（Nakabayashi et al. 2012b）。大したものだと思う。

「送粉系」と違った「種子散布系」の魅力

パームシベットの伐採林での機能については、その応用面も含めて、さらなる調査が必要だと思っている。しかし、これまでに紹介してきた研究内容は、動物による「種子散布」という現象の特性を深く反映したものだと思う。

パームシベットは、種子散布者として、ひじょうにユニークな存在だ。では、彼らが、ユニークな存在になっているのは、どうしてだろうか？　その背景を考えてみよう。

食肉目による果実食・種子散布、しかも聞いたこともないようなジャコウネコによる種子散布といえば、生態学関連の学会などでも、色者テーマ扱いされることが多い。おそらく、種子散布は、「果実食への進化適応が十分になされている種類によってなされている」という思い込みが無意識にあるからだろう。しかし、パームシベットがユニークな散布者になりえているのは、実際には、その逆の理由によるのだ。彼らの機能のユニークさは、彼らがまさに食肉目という肉食性動物にその出自をもつことに深く関係しているのだ。

たとえば、彼らはなぜ大きな種子を丸呑みにしたのかを考えてみる。種子は、それじたいを資源としないかぎりは、動物にとって不要どころか、有害なものである。種子を体内に取り込むと、無駄に体重を増加させて移動のコストを上げてしまうし(たとえば、テナガザルは、一日に飲み込む種子の重量は、体重の二割近い一キログラムに達するという(Whitten 1982))、消化効率も下げてしまう。このため、果実食に十分適応した体の形態をもつ動物は、可能なかぎり、大きな種子を飲み込むのを避けるための形態上・行動上の適応を示している。たとえば、果実食のオオコウモリは、果実から果汁だけをしがんで吸いとり、残りの部分は捨ててしまう(Boon and Corlett 1989)。しかし、パームシベットの咀嚼器官は、種子を可食部から選り分けるのに明らかに適していない。彼らの咀嚼器官は、肉食性の食肉目と大きな違いはなく、ネコが捕えたネズミを丸呑みにするように、果実を丸呑みにせざるをえないのだ(ただし、パームシベットの近縁種のミズジパームシベット *Arctogalidia trivirgata* は、イチジクの一種の果実を、しがんで果汁を吸った後、残りは吐き出したという報告もある(Duckworth and Nettelbeck 2008))。彼らも場合によっては、オオコウモリなどの他の動物と同様、種子を体内に取り込むのを避けることができるのかもしれない。

ブタオザルなどマカク類が飲み込む種子がひじょうに小さいのも、マカク類がもつ採食戦略が深くかかわっていると考えられている(Lucas and Corlett 1998)。マカク類は、体内に取り入れた食物を長い時間体内にとどめて、しっかりと消化吸収する戦略をとっている。こうしたことが可能なのは、彼らが、種子を選り分けるのに適した体の構造をもっており（ほほ袋、広い中切歯、大きな臼歯、（Lambert 1999））、種子を体内に取り込むリスクを最小限に抑えられるからだ。果実を十分に消化吸収できる行動上・形態上の特徴を発達させているからこそ、彼らは、限られた範囲の植物しか飲み込んで散布することがないのである。

この他にも、パームシベットの散布者としての特性が、食肉目としての習性に強く関連している点を指摘できる。たとえば、種子のほとんどが破壊されずに排泄されるのも、彼らの食肉目としての特性を反映したものだ。果実食動物の多くは、発達した臼歯で果実を十分に咀嚼してから体内に取り込む。その方が、難分解性有機物の消化管での分解・吸収効率が上がるためだ。咀嚼する間に、種子が傷つけられたり、かみ砕かれてしまうことも多い。しかし、パームシベットの歯の形態は、肉食性動物のものと同様に、果実を咀嚼するのに十分適した歯の形態をもつわけではない。その結果、種子は歯で傷つけられることのないまま、体内に取り込まれる（そして、速やかに排泄される）。彼らはそういう採食戦略をとっている生物なのだ。また、パームシベットが、長距離散布できたのも、種子を飲み込むことにくわえて、長時間同じ採食木にはとどまらず、短時間で移動してしまうことによっている。さらに、彼らが光環境の優れた場所に選択的に糞をしていたのも、糞の匂いをコミュニケーションの手段とし活用するという食肉目の習性の一つだった（もっとも、これは、果実食への不適応と別のものだが）。パームシベットは、「食肉目であるにもかかわらず」重要な種子散布者だ、という表現がしばしばなされる。しかし、実際には、彼らが「食肉目であるがゆえ」に、ユニークかつ重要な種子散布者として機能していたといえるのだ。

食肉目の動物が果たす種子散布者としての機能についての研究は、これまで十分におこなわれているとはいいがたい。種子散布研究界の大御所ヘレラ博士の研究(Herrera 1989)以来、食肉目が重要な散布者であることについての報告は数多くなされている。近年では、とくに、長距離散布者としての側面に注目したものが多く、森林の樹木の多様性の維持・向上に大きく寄与していることを示す論文が多く発表されるようにはなっている(たとえば、López-Bao & González-Varo 2011; González-Varo et al. 2012)。また、Jordano et al. (2007)は、糞から採取した *Prunus mahaleb* の種子に対してマイクロサテライト(という遺伝領域を対象とした)解析をおこない、アカギツネ *Vulpes vulpes* などの三種の食肉目が長距離散布に貢献していること(半数の種子が、五〇〇メートル以上散布されている)、開けた環境に種子を特異的に運んでいることを報告している。しかし、食肉目の散布者としての有効性を評価したものは必ずしも多くはない。とくに、私が *L. aculeata* に対しておこなったような研究、すなわち、散布環境が種子の生存・成長に与える影響については、ほとんど調査がされていないといってよい。後述するように、タビンの森林はかなり特殊な環境である可能性もあり、今後、多様な食肉目を対象とした種子散布研究が不可欠だろう。

最後に、パームシベットとパイオニア植物の関係性は、「送粉系」とは違った特性を元来的にもつ「種子散布系」の特性を象徴的に示すものであることを指摘しておこう。近年の研究は、種子散布者としての有効性は、動物の習性によってもたらされる思わぬ結果によって、動物種間でかなり大きく異なっていることが徐々に明らかにされつつある。たとえば、新熱帯の雲霧林でクスノキ科（Lauraceae）の一種 *Ocotea endresian* を対象にした研究では、ナキドリ *Procnias tricaruncula* と呼ばれる鳥が、他の三種の果実食鳥類とは違った環境に種子を運ぶことで、一年後の実生の生存率を二倍近く向上させることが報告されている（Wenny and Levey 1998）。*Ocotea endresian* の結実期は、ナキドリの繁殖シーズンにあたり、ナキドリのオスは、枯死した立木の上で長い時間さえずる。このため、ナキドリのオスによって散布された種子は、高い確率で光環境の優れた場所に到達することになるのだ（枯死した立木は葉っぱがないから、地面に光がよく当たる）。この例も、動物の行動上の特性が、*Ocotea endresian* の都合にうまく合致した結果である。

種子散布系には、送粉系でしばしばみられるような驚くべき共進化の事例を発見することは難しい。しかし、動物の行動上の習性と植物側の要求がたまたま一致することは、ある一定の確率で生じうるものだ。その関係性は脆弱で、異なる場所では、同じ果実食動物がまったく異なる影響を与えている可能性もある。果実—果実食者間の関係は、決定論的な予定調和の世界とは異なる、予想もできないような現象を発見できる魅力に富んだ世界だともいえるだろう。

第4章
多様な熱帯雨林

タビンの森の普遍性

伐採によって荒れ果ててしまったタビンの森の中で、私は、パームシベットとパイオニア植物の間に独特な関係性を見出した。パームシベットは、パイオニア植物に食物を強く依存しており、パイオニア植物は、パームシベットに種子を分散してもらうことで、効率的な個体群の維持を可能にしていた。また、パームシベットは、大型種子散布者として、荒れた森林の回復に重要な機能を担っていることが示された。おもしろいのは、食肉目による、食肉目らしい（言いかえると、少なくとも形態的には果実食に十分適応していない動物による）種子散布が、ひじょうに重要な役割を果たしているらしいという点だ。こうした動物と果実の相互関係は、送粉系にみられるような共生系とは質的に違ったものだ。同時に、オランウータンやサイチョウといった大型動物が大きな果実を食べて散布するという「共生の森」熱帯雨林の美しいイメージともかなり違ったものだろう。

自分で書くのも変な話だが、私の研究成果は、一つのケーススタディとしては、興味深い点を含んでいると思っている。学会や研究会などで発表しても、それなりにおもしろがってもらえるし、とくに種子散布についての論文は、よくメールで問い合わせもくる。ごく最近も、オーストラリアで種子散布の研究を精力的におこなっているウェストコット博士から、突然、「Great job!」というメールが送られてきた（文面はほんとうにこれだけだった）。博士とは直接の面識もなかったので、「なんのこっちゃ」と思って返信したら、私の論文がおもしろかったのでメールしてくれたとのことだった。こういうメールが来ると、本当にうれしい。苦労して研究してよかったなと思える。しかし、「おもしろい現象の発見」を本当に価値あるものにするためには、ここでとどまっていてはいけない。つぎに私に必要なのは、タビンの森でみた現象が、どれだけ一般性のあるものなのかを検討することだろう。

正直に言うと、博士論文を書き上げた当初、私は、この問題にまじめに取り組むのを避けていた。学会や研究会でもたびたびこの質問を受けたが、「タビンの森と同じような重度な伐採が入った場所では、同じような関係性が成り立っているかもしれないが、研究例が少なく確かなところはわからない」とお茶を濁してきた。じつは、タビンの伐採林がかなり特殊な場所なのではないかとうすうす感じていたのだ。たとえば、タビンの伐採林の高い果実生産性だってそうだ。通常の低地混交フタバガキ林では、「伐採後数年の間は、伐採によって増えたツル植物などが結実するため一時的に果実生産性が上がるが、やがて時間とともに低下する」という報告例が多い。結実量の低下は、森林伐採が野生動物に与える負の影響の一つとして言及されることもある(タビンは、伐採から三〇年近く経過している)。それでも、私は、タビンの伐採林の特殊性を認めたくなかった。認めてしまうと、自分の発見の価値をみずから損ねてしまうようにも感じたからだ。

しかし、そうではないかもしれない。むしろ、タビンの森で得られた結果の普遍性・特殊性を検討することで、ボルネオ島の熱帯雨林がもつ多様で豊かな側面を浮き彫りにできるのではないか、今現在は、そう考えるようになってきている。私が考え方を変えられたのは、博士号取得以降にアフリカ熱帯雨林での調査経験を得て、熱帯雨林へのイメージが大きく変わってきたことが大きいように思う。

この章では、現在のおもな活動の場であるアフリカの熱帯雨林のようすを紹介しながら、タビンの森がどのような点で特殊なのかを検討してみたい。そして、熱帯雨林と人との関係性や熱帯雨林の保全、今後の研究へと話を広げてみることにしよう。

アフリカの熱帯雨林

私が現在調査をおこなっているのは、中央アフリカにあるガボン共和国のムカラバ国立公園だ（図4・1）。ムカラバは、一九九九年に、竹ノ下祐二博士（現在　中部学院大学准教授）によって、おもに大型類人猿（ニシゴリラ *Gorilla gorilla gorilla* とチンパンジー *Pan troglodytes troglodytes*）の研究のために開拓された調査地である。近隣の住民に大型類人猿を食べる文化がないこと、大型類人猿に壊滅的な被害をもたらしたエボラ出血熱の影響を受けていないことなどから、ムカラバは、類人猿（とくにニシゴリラ）の生息密度が世界でもっとも高い調査地の一つでもある（Takenoshita and Yamagiwa 2008; Nakashima et al. 2013）。二〇〇二年からは、安藤智恵子さん（現在　京都大学理学研究科教務補佐員）らが中心となって、ニシゴリラの人付け（観察者が近づいても逃げない状態にすること）が開始され、現在までに一グループの人付けに成功している。二〇〇九年九月からは、「野性生物と人間の共生を通じた熱帯林の生物多様性保全」（地球規模課題対応国際科学技術協力SATREPS）という大型プロジェクトが始まった。私も、パームシベットの研究で博士号を取得した後、二〇一〇年四月から、このプロジェクトのポスドク研究員とし

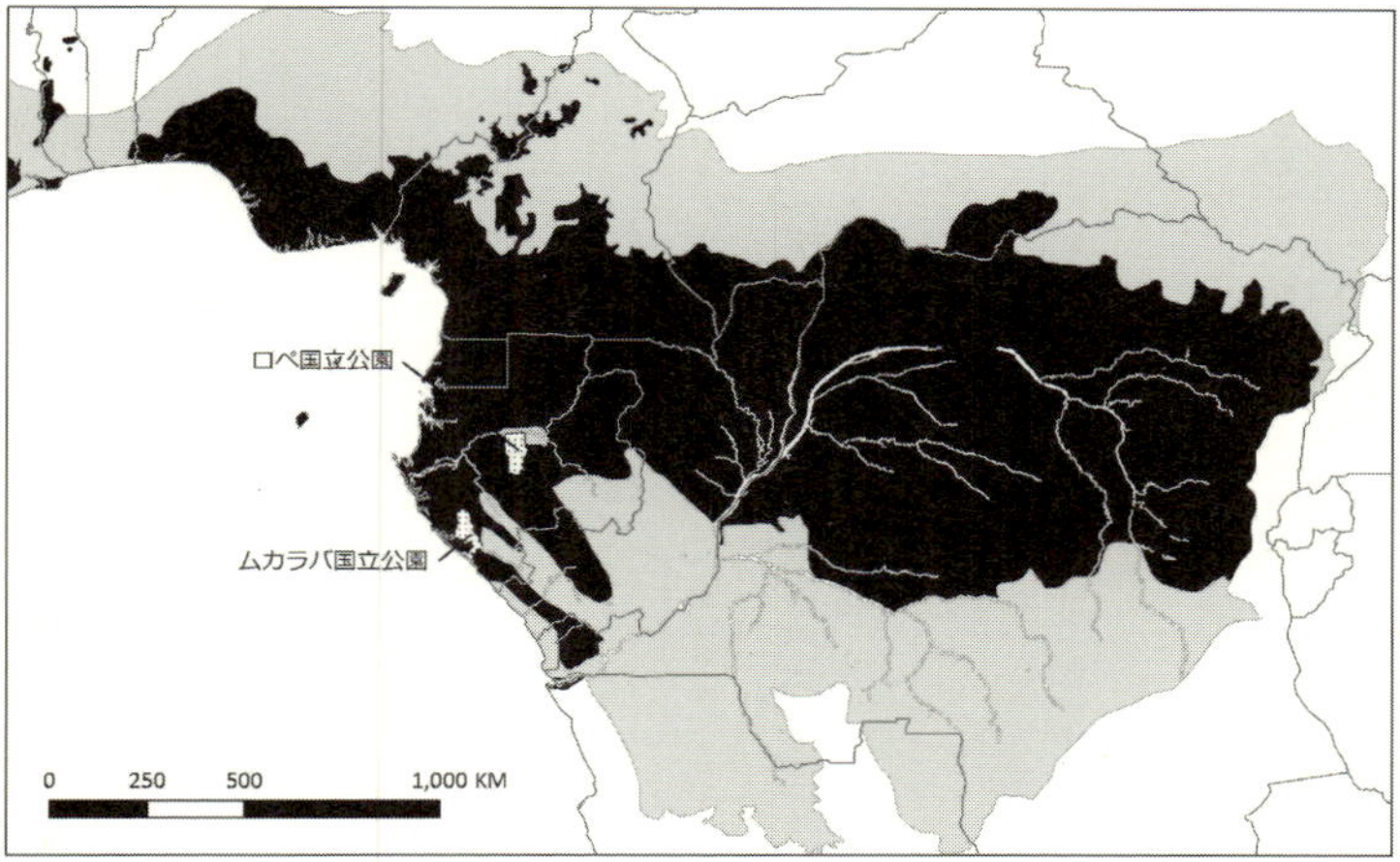

図４・１　ムカラバ国立公園の場所．黒で示している場所に熱帯雨林が広がっている．

て参加させてもらっているのだ。

私たちのプロジェクトの目的の一つは、ムカラバ国立公園の「生態系マップ」を作ることにある。ここでいう「生態系マップ」とは、どこにどういう動植物が多いといった純粋な地図だけではなく、ムカラバの動植物の種間相互作用の見取り図といった側面も含んでおり、ムカラバの動植物を、科学的に適切なかたちで保全・管理をすすめるための基礎となることが期待されるものだ。私の調査も、この「生態系マップ」作成のための基礎データを取得することを目的としている。具体的には、おもに自動撮影カメラを用いて、ランドスケープスケール（調査面積、約五〇〇平方キロメートル）での地上性哺乳類の分布パターンや季節による分布の移り変わり（＝動物の移動）を明らかにし、動物にとって重要なハビタット（生息場所）を特定しようとしているのだ。

同じ旧大陸の熱帯雨林とはいえ、ガボンの森は、ボルネオ島のそれとは大きく異なっている（写真４・１）。

写真４・１　ムカラバの森のようす．下層植生は薄く，ひじょうに歩きやすい．

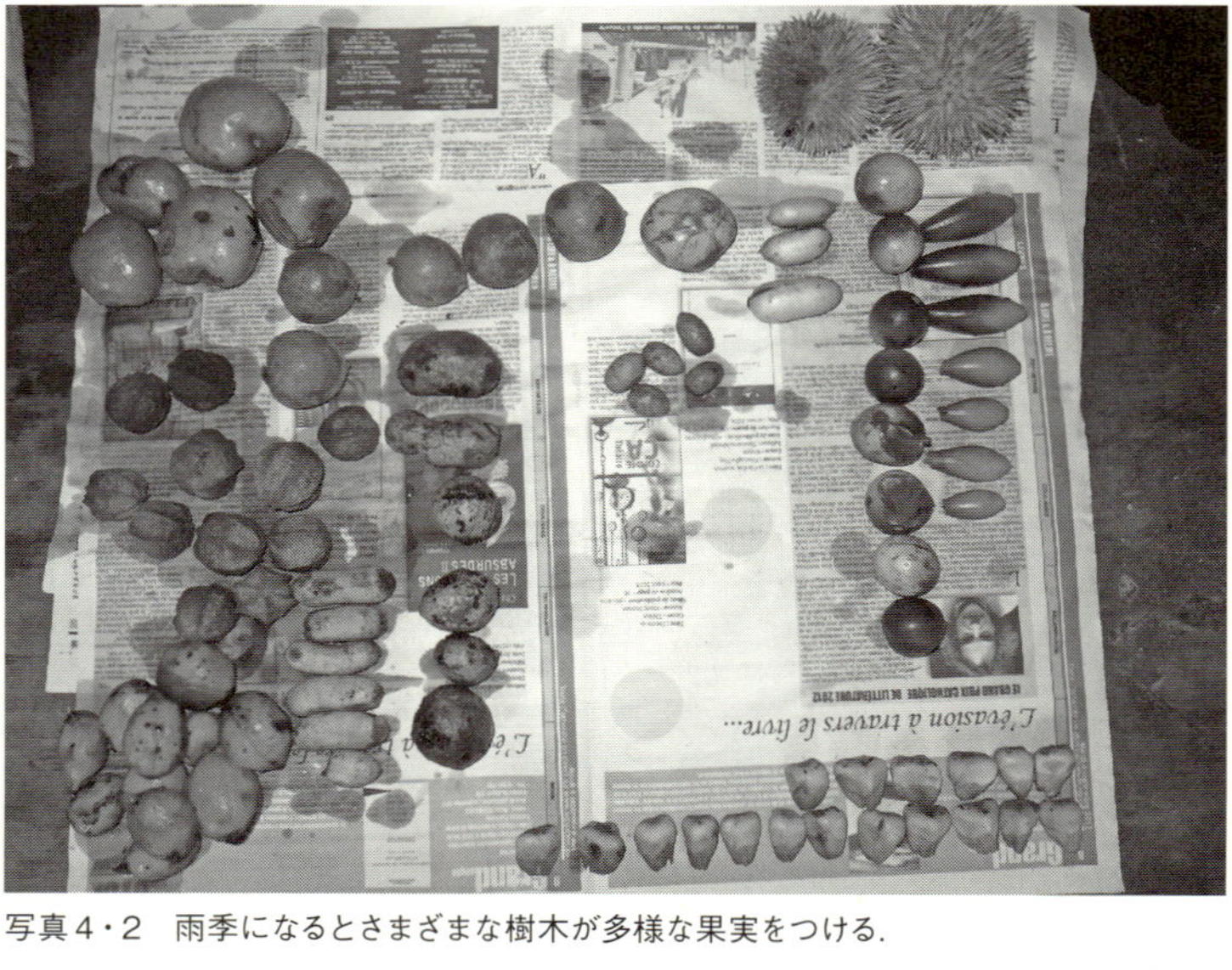

写真４・２　雨季になるとさまざまな樹木が多様な果実をつける．

たとえば、(ガボンの森の方が)樹木種の多様性が相対的に低い、樹高が低い、果実生産性が高いなど、違いをあげだすときりがないくらいだ。動物を研究するものとしてうれしいのは、果実生産性が高いために(写真4・2)、果実食の動物の密度が高いことだ。アフリカの熱帯雨林には、ボルネオ島のような一斉開花・結実現象は存在せず、多くの樹種が高い頻度で開花結実する。

しかし、ムカラバに関して言えば、もっともわかりやすい顕著な違いは、その景観にある。ボルネオ島は、ここ数十年の大規模な森林火災などの影響をうけた場所を除けば、ほぼ全面が常緑の森林によっておおわれている。一方、ムカラバには、常緑の森林に、イネ科植物が優占する断片状のサバンナが存在しているのだ(写真4・3)。

写真4・3　ムカラバ国立公園に広がるサバンナ(写真提供：本郷 峻).

おもしろいのは、このサバンナの成因だ。ムカラバにサバンナが維持されるのは、一つにはボルネオ島にくらべて降雨量が少ないことがある。タビンやデラマコットでは、年間降雨量は、それぞれ約二五〇〇ミリメートル、三五〇〇ミリメートルに達する。年中雨が降っており、雨量の多寡はあるものの明確な乾季というものは存在しない。一方、ムカラバでは、一五〇〇ミリメートルほどにすぎない。東京の年間降雨量は、おおよそ一五〇〇ミリメートルだから、ちょうど同じくらいということだ。ムカラバでは、六月から九月にかけては乾季にあたり、降雨量はほとんどゼロになる(「明確な乾季をもたない場所に発達する森林」という定義でいけば、ムカラバ国立公園の森は、厳密には、「熱帯雨林」とは呼べないことになる。それでもムカラバに常緑の熱帯雨林が成立するのは、季節風の影響で乾季に常に雲がかかっているからだ)。

しかし、「降雨量の少なさが、サバンナが混在する一次的な要因か」といえば、必ずしもそうではない。じつは、ムカラバのサバンナが維持されているのは、地元の人々が定期的に野焼きをおこなってきたことによるのだ(じっさい、火入れをしなくなったサバンナには、森林が徐々に回復してきている)。乾季の終わりになると、背丈が数メートルにまで成長したサバンナの草本は、すっかり乾燥してしまう。ここに、人が火を放つ。すると、草本は一気に燃え上がり、あっというまに広大な面積を焼き尽くしてしまう。ムカラバには、ごく一部の木本を除いて火災に適応した植物は存在しない。動物に運ばれた種子が実生として定着できていたとしても、高温下ではすぐに死んでしまう。結果的に、森林の回復は妨げられる。ムカラバのサバンナは、人為的な介入によって保たれてきた環境なのである(現在では、国立公園内の野焼きは、政府機関である国立公園局の管理のもとおこなわれている)。

さて、私の調査ターゲットの一つは、こうした人為的に維持されてきたムカラバのサバンナの存在が、中・大型動物にどのような影響を与えているのかを明らかにすることだ。このために、約五〇〇〇平方キロメートルに及ぶ広大なエリアを調査域として設定して、一〇〇台を超える自動撮影カメラを設置・維持し、各動物種がどのように環境を使い分けているか、季節によって各種が利用する環境に変化はあるのかについての調査をおこなっている。

自動撮影カメラの設置・維持・管理作業は、京都大学理学研究科大学院生の本郷峻さん（マンドリル *Mandrillus sphinx* の研究）やエチエンヌ・アコモーオクエさん（ダイカー類の研究）、マスク大学大学院生フレッド・ロイック・ンゲレさん（果実食者の果実選択についての研究）らと共同で進めている。プロジェクトじたいの規模が大きいため、調査規模も大きい。調査のための移動は、旧伐採道でバギー（写真4・4）を乗り回し、常時、数人の調査アシスタントともに仕事をしている。

写真4・4　カメラトラップの設置・メンテナンスをおこなうために利用しているバギー．倒木がある場合は，チェーンソーで切りながら進んでいく．

これまでの私たちの調査によって、ムカラバのサバンナは、中・大型哺乳類の種相や生態に、ひじょうに大きな影響を及ぼしていることがわかってきた（口絵6）。サバンナが与える影響は、次の二つのレベルでみることができる。一つは、サバンナとその周辺の森林でしかみられない種類が存在し、森林内部とは違った哺乳類相が発達しているということだ。たとえば、小型食肉目に関して言えば、サバンナでしかみられないエジプトマングース*Herpestes ichneumon*、サバンナおよび回廊林でのみ見られるジェネットの一種*Genetta maculata*、おもに回廊林に棲んでいるアフリカシベット*Civettictis civetta*、森林内部に広く棲むハナナガマングース*Herpestes naso*やサーバルジェネット*Genetta servalina*、そして、森林内部の状態の良い森林でしか見られないクロアシマングース*Bdeogale nigripes*などといったぐあいに、異なる場所には異なる種類がみられる。有蹄類に関しても同様の棲み分けがおこっている。人為的に維持されている環境の不均質性が、ムカラバの中・大型哺乳類の種多様性を高くしているのだ。

それだけではない。サバンナは、もっとダイナミックなかたちで、ムカラバの森に棲む動物たちの生態に大きな影響を与えているらしい。野焼きがおこなわれた後、しばらくすると雨の季節が始まる。雨が降ってくると、灰を肥しとして、草本の新芽が一斉に芽吹く。すると、その新芽を食べるために、アフリカゾウ*Loxodonta africana*やアフリカスイギュウ*Syncerus caffer*といった草食動物がサバンナに出てきて草を食べる。地元の人たちが野焼きを続けてきたのも、これらの草食動物を狙って食用にするためだ。大型草食動物にとってみれば、サバンナのイネ科草本の新芽はひじょうに重要な食資源だ。たとえば、ゾウは、ふだんは森で果実を食べている。しかし、乾季には利用可能な果実の量が限られる。サバンナの草本の新芽は、彼らにとってまたとない代替植物になる。つまり、人が野焼きをつうじて生息地の不均質性を増すことで、ゾウをはじめとする大型草食動物がより安定的に食物を獲得できるようになっているのだ。新芽が芽吹いたサバンナは美しい。一面新緑の大地で、大型動物が悠然と草を食んでいる姿はじつに優雅だ。新ときには、その背景に虹がかかる。この美しい光景も、人の介入があってこそ成り立つものなのだ。

人の活動が動物の食資源量を増加させ、動物にとって好適な環境を創出しているという構図は、タビンと共通したところがある。しかし、ガボンの事例は、さらに興味深いところがある。「人―サバンナ―大型草食動物」という関係性が、相当の長期間にわたって維持されてきたものである可能性が高いという点だ。ムカラバから二五〇キロメートルほど北部に位置するロペ国立公園（図4・1）でも、ムカラバ同様、人為的に維持されてきたサバンナがみられる。炭素安定同位体年代測定法を用いた研究によれば、人為的な野焼きは、約九〇〇〇年もの間継続しておこなわれてきたらしい（White 2001）。直接の証拠はないが、おそらくムカラバのサバンナも、同程度の歴史をもつものだろう。アフリカの熱帯雨林は、過去の気候変動に大きな影響を受けており、数百万年の単位で、歴史的に何度も縮小断片化を経験してきたことがわかっている。一番最近の大規模な寒冷化・乾燥化は、わずか二五〇〇年ほど前のことで、その頃には、現在のガボン国域には、森林はほとんど残されていなかったらしい（Maley 2002）。その後、地球の温暖化・湿潤化とともに森林は徐々に回復し、ほとんどの面積が森林によっておおわれるようになった。かろうじて、野焼きという人間の「文化」によって、かつてのサバンナが維持されてきたのだ。熱帯雨林といえば、常緑の森林が時間的にも空間的にも安定して成立しているというイメージが強いかもしれない。しかし、実際には、過去に気候変動と人間の活動によって、なんども攪乱を経験してきた複雑な歴史を負った場所なのだ。

コラム　アフリカでの調査生活はたいへん

ボルネオと比べると、ガボンでの調査生活は何かとたいへんなことが多い（写真）。研究に関していえば、自分で発電機を回さないかぎり電気を使うことができないのが一番の問題だ。バッテリー寿命が長いパソコンを選んで使ってはいるが、かなり計画的に使わないと、いざというときに使えないことも多い。

写真　ガボンの調査地のベースキャンプ．草を吹いた木造の建物の下で，テントを張って寝る．

生活も不便なことが多い。生鮮食品は当然保存できないから、ふだんは、缶詰を中心とした生活になる。主食は、お米か（ガボンは宗主国フランスの影響で、お米を容易に手に入れることができる）、キャッサバを発酵させてつくったマニオク（オモチのような食感だが、それほどおいしいものではない）。これに、サーディン缶、トマト缶、運が良ければ街で買った玉ねぎをあわせた煮物がおかずにつく。これが基本メニューだ。私は、基本的に食へのこだわりは薄いほうなのだが、けっしておいしいとは思わない。日本人一人になったときは、この「基本メニュー」を朝・昼・晩、毎日一ヶ月続けたこともある。不思議なことに、トマト缶の酸っぱさは、飽きにくい。またこれかと思いながら、気づけばけっこうな量を食べているのだ。

調査生活で、やはり怖いのは病気だ。さいわいなことに、ムカラバでは、死亡率がひじょうに高いエボラ出血熱は確認されていない。しかし、ハマダラカが媒介する原虫によって感染・発症するマラリアや、サルモネラ菌による腸チフスなどは日常茶飯事だ。マラリアは、タイプによっては、原虫が休眠体として肝臓に残り、「疲れたら発症する」ということを繰り返すこともある。さいわい、私は熱帯熱マラリア以外には罹らなかったので、いまのところマラリア原虫フリーだ。日本だとマラリアと言えば大騒ぎになるが、自分も周りもマラリアに何度もかかっていると「また、マラリアか」という感じになってくる。ただし、薬が効かない耐性原虫も他の地域では出てきており、やはり十分に注意が必要だ。

多様な熱帯雨林の姿

ムカラバの熱帯雨林の姿が象徴的に示すのが、次の二つのことだ。一つは、熱帯雨林と一言で言っても、単一の環境がのっぺりと広がっているわけではなく、その中に、さまざまな環境が内包されているということ、そして、さらにその環境の複雑性の維持・創出に、過去の気候変動とともに、数千年から数万年にわたる人間活動が深くかかわっているということだ。

程度の差こそあれ、ボルネオの熱帯雨林においても、これらのことは成り立つ。東南アジアは、陸地の面積に対して海が大きいため、アフリカの熱帯雨林に比べて地球規模での寒冷化・乾燥化の影響は受けにくかった。しかし、つい一万年ほど前までは、熱帯雨林が何度も断片化・縮小化していたことがわかっている。当時のボルネオ島の景観は、ちょうど現在のムカラバのような状態だったのかもしれない。人の活動の影響については、残念ながら、東南アジア全般で十分解明されているとは言いがたい（ボルネオ島に人類が到達した時期についてすら、よくわかっていないのが実情だ）。しかし、少なくともここ数千年の間、ボルネオ島の熱帯雨林も、気候変動とともに人間活動の影響うけてきたのは確かなことだ。そして、その攪乱の規模とそれに対する森林の反応は、ボルネオ島に成立するさまざまな植生タイプによって異なっていたはずだ。

このことを踏まえたうえで、もう一度、タビンでのパームシベットと植物の関係性を考えなおしてみよう。前に述べたように、タビンの森は、ボルネオ島に典型的な低地混交フタバガキ林の伐採二次林とは、異なっているように見えた。それでは、私がタビンの森に見出した関係性は、大規模な伐採によってたまたま出現した偶然の産物にすぎないのだろうか？　それとも、ムカラバにおける「人—サバンナ—草食動物」の関係のように、どこかで長期的に成立してきたものなのだろうか？

私は、後者なのではないかと考えている。じつは、タビンの森は、ボルネオ島に成立する植生タイプの一つ「（過去に攪乱を受けた）淡水湿地林」にひじょうに似通っているのだ。淡水湿地林とは、大河川の川沿いにみられ、一年のある時期に河川の増水によって冠水するような場所に発達する森林タイプのことだ。ボルネオ島の淡水湿地林は、歴史的にもっとも人為的な攪乱の影響を受けやすかった森林タイプでもある。交通の未発達だったごく最近まで、ボルネオ島の大河川は、人々の主要な交通の手段であり続けた。ボルネオ島の奥地への人間の移動も、基本的には川を溯っていくかたちでおこなわれた。現在でも、たとえばサラワク州の奥地では、川沿いにだけ集落が点在している。彼らは、淡水湿地林を含む周囲の森林を、焼畑などのさまざまな用途に利用してきた。最近では、川沿いの森は、まっ先に商業伐採の対象にされるようになっている。河川は、切り出した木材を運ぶうえでも最適な手段だからだ。

長年にわたる人為的な攪乱の影響もあって、現在残されている淡水湿地林のほとんどは、パイオニア性植物の多い二次植生になっている。淡水湿地林の植物は、元来、一斉開花・結実に同調せず、年二回の繁殖を示すものも多いらしい。自然状態でも攪乱を受ける頻度が高いために、植物が、長期的な生存よりも繁殖に大きな投資をおこなっているからだろう。そこに人手が加われば、高い頻度で結実し、成長の速い植物が優占するようになるだろう。それは、もはやタビンとそ

写真4・5　デラマコットのキナバタンガン川(a)周辺の淡水湿地林でみつけたパームシベットのものと思われる糞(b).

っくりな森だ。

私がこのことに気がついたのは、生態学研究センターの先輩・鮫島弘光さん（現在　京都大学東南アジア研究センター研究員）とともに、デラマコットの過去に伐採を受けた淡水湿地林を訪れたときのことだ。キナバタンガン川上流をボートで遡り（写真４・５）、川沿いの森を歩いてみた。驚いたことに、そこは何から何までタビンの森にそっくりだった。たとえば、タビンの宿舎周辺の森には、バユール *Pterospermum* sp. と呼ばれるアオギリ科の植物が高い密度で生えている。この植物は、通常の低地混交フタバガキ林には多くない植物だ。しかし、デラマコットの淡水湿地林には、ふだん見かけないこの植物がひじょうに高い密度で生えているのだ。そして、淡水湿地林の林床には、パームシベットの糞がいくつも転がっていた。糞の中には、*L. aculeata* の種子が含まれているものまである。ボルネオの植物をよく知っている人に聞くと、*L. aculeata* や *E. diadenum* は、淡水湿地林に多い植物らしい。また、自動撮影カメラを用いた鮫島さんのその後の調査で、川沿いではパームシベットの撮影頻度が高くなることもわかってきた（鮫島、未発表）。タビンで私が見出したパームシベットとパイオニア植物の関係性は、ある程度攪乱を受けた淡水湿地林において歴史的に成立してきた可能性が高いのだ。

それにしても、なぜタビンの森は、淡水湿地林に類似する点をもっているのだろうか？　タビンの私の調査地は、大河川に接しているわけではない。一つの可能性として考えられるのは、マッド・ボルケーノの影響である。「コラム Mud Volcano」でも紹介したとおり、マッド・ボルケーノからは火山性の泥が噴出している。宿舎周辺の土壌はこの泥が堆積してできているため、雨が容易に地中に浸透せずに常にジメジメ湿っている。こうした特殊な土壌が、タビンの元来の植生や伐採への反応を風変わりなものにしているのかもしれない。タビンの土壌の特殊さは、シベットの種子散布の結果にも影響している可能性もある。タビンでは、シベットによって開けた場所に散布された種子が、実生として定着することができていた。しかし、通常の土壌条件のもとでは、これらの種子の多くは、乾燥によって死んでしまうだろう。実際、食肉目による種子散布では、光条件がいい場所に運ばれるものの、裸地に散布されるために、種子・実生が乾燥して死んでしまうことが多いらしい。パームシベットによる種子散布の結果も、通常の混交フタバガキ林とは異なっている可能性もあるのだ。

熱帯雨林の生物多様性研究と保全

タビンの伐採二次林と淡水湿地林の共通性についての考察はあくまで推測の域をでておらず、今後の実証研究を必要としている。しかし、アフリカに行くまで私も見過ごしていたこと（熱帯雨林と一言でいっても、その中には多様な環境が含まれていること、そして、その維持・創出に歴史的に人間が深く関与してきたこと）を考えつめれば、熱帯雨林における生物多様性の研究やその保全について、重要な示唆をもたらしてくれるにように思う。

ムカラバでは人為的に維持されたサバンナの存在が、生息環境の不均質性・複雑性を増大させ、地上性哺乳類の種多様性を向上させる効果をもっていた。一見意外にも見えるこの話には続きがある。さらに意外に聞こえるかもしれないが、ムカラバに生息している哺乳類の中でもっとも保全上注意が必要なのは、森林性動物以上に、サバンナに棲んでいる動物たちの方だということだ。サバンナ性の種は、アフリカ全土にまたがる広大な分布域をもつものが多く、種としての絶滅リスクじたいは低い。しかし、亜種レベル・個体群レベルで見れば、たとえばウォータバック *Kobus ellipsiprymnus* のように、ムカラバのものが最後に残された個体群にもなっているものもいる。現在、地球は温暖・湿潤なフェーズにあり、二五〇〇年ほど前の寒冷化・乾燥化が進んだ時代から、徐々に、低緯度地域における分布域を失いつつある。さらに、人による狩猟が森林の回復にともなって、森林が拡大し続けている過程にある。サバンナ性の種は、個体数減少を加速させている。サバンナ性の動物はめだちやすいので、簡単に獣肉用に狩られてしまうのだ。これらの事実は、今ある生物多様性を保持していくためには、絶滅が危惧される特定動物種や原生林の「保全」だけではなく、野焼きにみられるような人間の介入も含めた積極的な「管理」も必要ということを示している。

それだけではない。アフリカ熱帯雨林の経験が教えてくれるのは、(熱帯雨林の実践的な保全家としてではなく)研究者として現在の熱帯雨林の改変という問題を十分理解するためには、さらに一歩先に進む必要があるということだ。それは、今現在生じている大規模な人為的撹乱が、過去の気候変動や、原住民の生業活動(焼畑など)による小規模な撹乱が与えてきた影響とどの程度共通したものなのか、あるいはしていないのか、していないとしたら、何がどのように違っているのかという問いに答えることだ。私たちは、熱帯雨林というものに「手つかずの大自然」、「熱帯雨林でしか見られない動植物の関係性」といった過度な幻想を抱きがちだ。しかし、この本で強調してきたように、熱帯雨林には多様な顔があり、人との関係性もさまざまだ。

私たちは、今直面している熱帯雨林の改変という現代的な課題を、長い歴史の中に位置づけ、いったん相対化してみる必要があるように思う。たとえば、タビンに現出した伐採二次林と淡水湿地林の共通性を、実証的に明らかにするといったふうに。そうすることではじめて、人と自然がどのような関係性をこれから築いていくべきなのかについて、正しく議論ができるのではないだろうか。この問いに答えるのは容易なことではない。狭い意味での生態学だけではなく、生態人類学的な知見を含めた学際的な議論を展開していかなければならないだろう。残念ながら、現時点では、私にはまだそのための具体的な道筋が見えているわけではない。しかし、いつかボルネオの熱帯雨林、いや世界中の熱帯雨林で現在生じている現象を、より広い文脈でとらえ直すような仕事ができればと思っている。

あとがき

話を、スタジオジブリ作成の二つの映画の話で締めくくりたい。

「平成狸合戦ポンポコ」（監督：高畑 勲、一九九四年公開）と「耳をすませば」（監督：近藤喜文、一九八九年公開）という映画である。

「平成狸合戦ぽんぽこ」は、開発が進む多摩ニュータウンを舞台に、その一帯のタヌキが、人間への抵抗をおこなうさまを描いた物語である。タヌキたちは、「化学（ばけがく）」の力を駆使して、開発に対してさまざまな抵抗を試みる。しかし、その努力もむなしく、ニュータウンの開発は続き、彼らの住処は失われてしまう。

この作品の構図は、「自然への畏怖を忘れた人間たちと、開発によって住処を奪われる動物」という古典的なものにも映る。しかし、詳細にみていけば、古典的なイメージに囚われないたくましい動物たちの姿をみることができる。たとえば、作品の最後には、人間との戦いに敗れたタヌキやキツネたちのその後の暮らしが描写される。彼らは、ニュータウンの中で、ときには車に轢かれるなど苦労しながらも、人間との闘いに敗れてもなお、したたかに生き続けている。タヌキが側溝を移動する姿は、まさに「新世代」のタヌキそのものだ。タヌキの中には、人に化けて、人間社会の中で暮らしているものもいる。開発によって追いやられる被害者としての動物の姿だけではなく、環境の改変に巧みに適応したたくましい姿をそこには見出すことができる。それは、私がパームシベットに見た姿と重なってくる。

ついでに、もう少し話を広げてみる。もう一つのジブリ作品「耳をすませば」は、中学生の男女の成長と淡い恋愛模様を描いた物語である。「平成狸合戦ポンポコ」とは、監督も作風もまったく異なる別個の物語だ。しかし、両作品には共通点がある。作品の舞台が、東京近郊のニュータウンに設定されているということだ。作成者側の意図は置いておくとして、二つの物語が、同じ多摩ニュータウンの開発の過程と、その後を描いたものだとしたら？　タヌキたちのかつての幸福な生活の場は、開発によって失われ、小奇麗な街並みに姿を変えた。しかし、その同じ場で、主人公しずくたちは、悩みながらも懸命な日々をすごしている。彼らが住んでいるニュータウンの一角には、生活スタイルを変えた新世代のタヌキがひっそり暮らしているだろう。こう考えてみると、私たちの生活は、ふだん意識されない無数の「他者」とともに暮らしており、それぞれの「他者」は互いに関係しながらもそれぞれ別個の物語を紡いでいる。そんな気がしてこないだろうか。私は、いろんな「他者」がそれぞれ別個の物語を紡いでいる、そんな多様な世界が好きである。

ここまで紹介してきたとおり、私は、パームシベットという動物を研究対象として、伐採二次林での生態・生態機能についての研究をおこなってきた。彼らの生活環境の変化や、新たに結ばれた植物との関係を見れば見るほど、世界は複雑なネットワークでできていることを感じさせられた。それは、一見関連のない二つのことが思わぬかたちで繋がりうること、世界はそんな関係にあふれた豊かな場所であることを発見する過程でもあった。この本の第四章は、話を大きく広げすぎた気がしないでもない。しかし、この本を書くことで、細かい生態学的現象を解明すること以上に、私たちが生きているこの訳のわからない世界をもっと知りたい、常識とは少し違ったかたちで解釈してみたいという思いが、私の研究の動機になっていることを再確認できた。もしかしたら、（狭い意味での）「理系の研究」には、向いていないかもしれない。

そんな私が、何とか博士号をとるまで研究を続けられたのは、私を支えて下さった多くの方々のおかげである。ボルネオ島で研究をおこなうきっかけを与えて下さった北山兼弘先生（現在 京都大学農学研究科教授）には、本当に感謝している。そして、路頭を迷う可能性のあった私を、博士後期課程の学生として受け入れてくださった京都大学理学研究科人類進化論の山極壽一教授、中川尚文先生、中村道夫先生、井上英治先生には、心からお礼申し上げたい。私がここまで曲がりなりにも研究を続けられたのは、この研究室があったおかげだ（いまさらながら、私は、「人類進化論研究室」で「パームシベットの生態研究」で学位をとったのだ!!）。

他にも、お世話になった方々の名前を挙げだすと切りがない。ここでは、とくに二人の先輩の名前を挙げてさせていただきたい。一人は、松林尚志さん（現在 東京農業大学准教授）である。私が長期のフィールドワークをおこなえたのは、デラマコットで松林さんとフィールドでご一緒させていただいたことが大きかった。人付き合いが苦手な私にも、現地の人たちと気軽に接すれば、意外と楽しく調査ができることを教えてくれた。本当に感謝してもしつくせない。

もう一人は、鮫島弘光さん（現在 京都大学東南アジア研究センター）である。鮫島さんは、生態学研究センター時代の先輩なのだが、私が研究室を人類進化論に変えた博士課程以降に、いっそう教えを乞うことが多くなった。鮫島さんは、自然科学的な視点はもちろんのこと、さまざまな学問領域の広範な知識をもとに、常に新しい世界の見方を示してくれた。鮫島さんとの議論は、いつも刺激的で、新しい発見があった。不遜な態度で、まったく可愛げのない後輩だと思うが、ここに記して感謝申し上げたい。

京都大学霊長類研究所の半谷吾郎先生にも、調査許可の取得、調査資金の獲得、博士論文の審査など、ことあるごとにお世話になった。湯本貴和教授（現在 京都大学霊長類研究所）には、重要な節目で貴重な助言をいただいた。琉球大学の伊澤雅子教授には、博士論文審査の際、貴重なコメントをいただいた。また、京都大学野生動物研究センターの村山美穂教授には、ＤＮＡ実験の際、ご指導賜った。修士時代のつらい日々を支えてくれた先輩・和穎朗太博士、同級生の潮 雅之博士、一学年後輩の日高 周博士にも感謝している。テレメの技術指導をしていただいた株式会社ラゴー・千々岩哲さん・ジャコウネコの研究を現在も活発におこなっている京都大学野生動物研究センターの大学院生・中林 雅さん、カウンターパートの野生生物局 Jumrafiha Abd. Sukor、ラハ・ダトゥ支所の Soffian Abd. Bakar、タビン野生動物保護区のスタッフ、SOS RHINO（現ＢＯＲＡ）のスタッフにも謝意を表したい。京都大学野生動物研究センターの幸島司郎教授にもことあるごとにお世話になっている。

第四章でもふれたように、博士号取得以降、アフリカの熱帯雨林で調査する機会を得た。慣れないアフリカの海外の調査は、肉体的にも精神的にも疲弊するが、熱帯雨林で動物たちの姿を見ていると、疲れも忘れられる。ムカラバでは、山極壽一教授、牛田一成教授（京都教育大学）、竹ノ下祐二准教授（中部学院大学）、安藤智恵子さん（京都大学）、井上英治助教（京都大学）、松浦直毅助教（静岡県立大学）、岩田祐二博士（中部学院大学）らにたいへんお世話になっている。また、元業務調整員の平松直子さんらにも、ガボンでの生活・調査を支援していただいた。土田さやかさん、寺田佐恵子さん、本郷 俊さん、坪川桂子さん、Etienne F. Akom-Okoue さんら大学院生にもお世話になっている。彼らのような若い（!?）存在が困難な熱帯での研究を続けるエネルギーを与えてくれる。

私は、修士課程で、研究室の専門とは異なることを研究すると決めた時点で、研究にかかわるさまざまな知識・技術をたった一人で身に着けなければならなくなった。博士課程の間は、さまざまなロジスティックスの負担も抱えた。それは、膨大な時間とエネルギーを要する孤独な歩みだった。自分が気を抜けば、もう研究が続けられなくなるかもしれない。そうした焦りが、楽しみながら研究を進めることを困難にしてしまった面もあった気がする。修士・博士課程、そしてポスドクの期間、充実していたか？ と聞かれると、迷いなく「イエス」と答えられる。一方で、「楽しかったか」と聞かれると、それより先に、「つらかった」が先にきてしまう。それでも、私は、後悔はしていない。その時々で、私が考えられる最善の道を、誰からも強制されることなくみずから選択してきたからだ。

二〇一四年度からは、日本大学生物資源科学部森林資源科学科森林動物学研究室の教員として、働くことになった。これまでのようには、長期間の海外フィールドワークはできなくなるが、学生の指導にこれまでの経験を生かせればと思っている。物事を必要以上に難しく、難しく考えようとする傾向がある私は、きっとこれからも多くの困難に突き当たるだろう。それでも、デラマコット、タビン、そしてアフリカの熱帯雨林での経験を糧にして、一歩ずつ進んでいきたい。まだ新しい環境にとまどうことも多いが、同研究室の岩田隆太郎教授のご指導のおかげで何とかやっていけそうである。

この本は、何かと難しい少年だった私を育ててくれた両親、神経質で心配性な私を楽天的にさせてくれた少々間の抜けた兄、そして、生前にさまざまな学問的な刺激を与えてくれた祖父に感謝したい。

最後に貴重な執筆の機会を与えていただいた東海大学出版部の田志口克己さんにお礼を申し上げる。

二〇一四年五月

中島啓裕

and N. J. Dominy. 2008. Functional ecology and evolution of hominoid molar enamel thickness: *Pan troglodytes schweinfurthii* and *Pongo pygmaeus wurmbii*. Journal of Human Evolution **55**:60-74.

Ward, J. and D. van Dorp. 1981. The animal musks and a comment of their biogenesis. Experientia **37**:917-922.

Wemmer, C. and D. Watling. 1986. Ecology and status of the sulawesi palm civet *Macrogalidia musschenbroekii* schlegel. Biological Conservation **35**:1-17.

Wendong, L., S. Zhengli, Y. Meng, R. Wuze, S. Craig, E. H. Jonathan, W. Hanzhong, C. Gary, H. Zhihong, and Z. Huajun. 2005. Bats are natural reservoirs of SARS-like coronaviruses. Science **310**:676-679.

Wenny, D. G. and D. J. Levey. 1998. Directed seed dispersal by bellbirds in a tropical cloud forest. Proceedings of the National Academy of Sciences **95**:6204-6207.

Wheelwright, N. T. and G. H. Orians. 1982. Seed dispersal by animals: contrasts with pollen dispersal, problems of terminology, and constraints on coevolution. American Naturalist **119**:402-413.

White, L. J. T. 2001. Forest-savanna dynamics and the origins of Marantaceae forest in central Gabon. Pages 165-182. in W. Weber, L.J.T. White, A Vedder, L.Naughton-Treves, editors. African rain forest ecology and conservation: An interdisciplinary perspective. Yale University Press, New haven/London.

Whitten, A. J. 1982. Diet and feeding behaviour of Kloss gibbons on Siberut Island, Indonesia. Folia Primatologica **37**:177-208.

Zhou, Y., J. Zhang, E. Slade, L. Zhang, F. Palomares, J. Chen, X. Wang, and S. Zhang. 2008. Dietary shifts in relation to fruit availability among masked palm civets (*Paguma larvata*) in central China. Journal of Mammalogy **89**:435-447.

Evolution **47**:883-892.

Patou, M. L., A. Wilting, P. Gaubert, J. A. Esselstyn, C. Cruaud, A. P. Jennings, J. Fickel, and G. Veron. 2010. Evolutionary history of the *Paradoxurus* palm civets–a new model for Asian biogeography. Journal of Biogeography **37**:2077-2097.

Payne, J., C. M. Francis, and K. Phillipps. 1985. A field guide to the mammals of Borneo. Sabah Society Kota Kinabalu.

Primack, R. B. and R. Corlett. 2005. Tropical rain forests: an ecological and biogeographical comparison. Blackwell Publishing, Oxford.

Rabinowitz, A. R. 1991. Behaviour and movements of sympatric civet species in Huai Kha Khaeng Wildlife Sanctuary, Thailand. Journal of Zoology **223**:281-298.

Ray, J. and M. Sunquist. 2001. Trophic relations in a community of African rainforest carnivores. Oecologia **127**:395-408.

Reinhard, M. and E. Wenk. 1951. Geology of the colony of North Borneo.

Rijksen, H. D. and L. Wageningen. 1978. A fieldstudy on Sumatran orang utans (*Pongo pygmaeus abelii*, Lesson 1827): Ecology, behaviour and conservation. H. Veenman Netherlands.

Sawada, A., E. Sakaguchi, and G. Hanya. 2011. Digesta passage time, digestibility, and total gut fill in captive Japanese macaques (Macaca fuscata): effects food type and food intake level. International Journal of Primatology **32**:390-405.

Schupp, E. W. 1993. Quantity, quality and the effectiveness of seed dispersal by animals. Vegetatio **15**:15-29.

Shanahan, M., S. So, S. G. Gompton, and R. Gorlett. 2001. Fig-eating by vertebrate frugivores: A global review. Biological Reviews **76**:529-572.

Takenoshita, Y. and J. Yamagiwa. 2008. Estimating gorilla abundance by dung count in the northern part of Moukalaba-Doudou National Park, Gabon. African Study Monographs **39**:41-54.

Traveset, A. and M. Verdú. 2002. A meta-analysis of the effect of gut treatment on seed germination. Pages 339-350 *in* D. J. Levery, M. Galetti, and W. R. Silva, editors. Frugivores and seed dispersal: ecological, evolutionary and conservation issues. CAB International, Wallingford, UK.

Van Valkenburgh, B. 1989. Carnivore dental adaptations and diet: a study of trophic diversity within guilds. Pages 410-436 *in* J. L. Gittleman, editor. Carnivore behavior, ecology, and evolution. Cornell University Press, Ithaca.

Vogel, E. R., J. T. van Woerden, P. W. Lucas, S. S. Utami Atmoko, C. P. van Schaik, tropical rainforests of the Western Ghats, India. PhD thesis. Bharathiar University, Coimbatore, India.

Nakabayashi, M., Y. Nakashima, and B. H. 2012a. An observation of several common palm civets *Paradoxurus hermaphroditus* at a fruiting tree of Endospermum diadenum in Tabin Wildlife Reserve, Sabah, Malaysia: comparing feeding patterns of frugivorous carnivorans. Small Carnivore Conservation **47**:42-45.

Nakabayashi, M., R. Yamaoka, and Y. Nakashima. 2012b. Do faecal odours enable domestic cats (*Felis catus*) to distinguish familiarity of the donors? Journal of Ethology **30**:325-329.

Nakashima, Y., E. Inoue, M. Inoue-Murayama, and J. A. Sukor. 2010a. High potential of a disturbance-tolerant frugivore, the common palm civet *Paradoxurus hermaphroditus* (Viverridae), as a seed disperser for large-seeded plants. Mammal Study **35**:209-215.

Nakashima, Y., E. Inoue, M. Inoue-Murayama, and J. R. Abd Sukor. 2010b. Functional uniqueness of a small carnivore as seed dispersal agents: a case study of the common palm civets in the Tabin Wildlife Reserve, Sabah, Malaysia. Oecologia **164**:721-730.

Nakashima, Y., Y. Iwata, C. Ando, C. N. Nkoguee, E. Inoue, E. O. Akomo, P. M. Nguema, T. D. Bineni, L. N. Banak, Y. Takenoshita, A. Ngomanda, and J. Yamagiwa. 2013. Assessment of landscape-scale distribution of sympatric great apes in African rainforests: Concurrent use of nest and camera-trap surveys. American Journal of Primatology **12**:1220-1230.

Nakashima, Y., P. Lagan, and K. Kitayama. 2008. A study of fruit–frugivore interactions in two species of durian (*Durio*, Bombacaceae) in Sabah, Malaysia. Biotropica **40**:255-258.

Nakashima, Y. and J. A. Sukor. 2013. Space use, habitat selection, and day-beds of the common palm civet (*Paradoxurus hermaphroditus*) in human-modified habitats in Sabah, Borneo. Jounal of Mammalogy **94**:1169-1178.

Nakashima, Y. and J. A. Sukor. 2010. Importance of common palm civets (*Paradoxurus hermaphroditus*) as along-distance disperser for large-seeded plants in degraded forests **18**:221-229

Nyffeler, R. and D. A. Baum. 2001. Systematics and character evolution in *Durio* s. lat.(Malvaceae/Helicteroideae/Durioneae or Bombacaceae-Durioneae). Organisms Diversity & Evolution **1**:165-178.

Patou, M.-L., R. Debruyne, A. P. Jennings, A. Zubaid, J. J. Rovie-Ryan, and G. Veron. 2008. Phylogenetic relationships of the Asian palm civets (Hemigalinae & Paradoxurinae, Viverridae, Carnivora). Molecular Phylogenetics and

Potos flavus (Procyonidae). Journal of Zoology **253**:491-504.

Kitamura, S., T. Yumoto, P. Poonswad, P. Chuailua, K. Plongmai, T. Maruhashi, and N. Noma. 2002. Interactions between fleshy fruits and frugivores in a tropical seasonal forest in Thailand. Oecologia **133**:559-572.

Knott, C. D. 1998. Changes in orangutan caloric intake, energy balance, and ketones in response to fluctuating fruit availability. International Journal of Primatology **19**:1061-1079.

Koh, L. P. and D. S. Wilcove. 2008. Is oil palm agriculture really destroying tropical biodiversity? Conservation Letters **1**:60-64.

Lambert, J. E. 1999. Seed handling in chimpanzees (*Pan troglodytes*) and redtail monkeys (Cercopithecus ascanius): Implications for understanding hominoid and cercopithecine fruit-processing strategies and seed dispersal. American Journal of Physical Anthropology **109**:365-386.

Leighton, M. 1982. Fruit resources and patterns of feeding, spacing, and grouping among sympatric Bornean hornbills (Bucerotidae). PhD thesis University of California, Davis., California

Leighton, M. 1993. Modeling dietary selectivity by Bornean orangutans: evidence for integration of multiple criteria in fruit selection. International Journal of Primatology **14**:257-313.

Lucas, P. W. and R. T. Corlett. 1998. Seed dispersal by long-tailed macaques. American Journal of Primatology **45**:29-44.

MacDonald, D. W. 1980. Patterns of scent marking with urine and faeces amongst carnivore communities. Pages 107-139 *in* Symposia of the Zoological Society of London.

Maley, J. 2002. A catastrophic destruction of African forests about 2,500 years ago still exerts a major influence on present vegetation formations. IDS bulletin **33**:13-30.

Marcone, M. F. 2004. Composition and properties of Indonesian palm civet coffee (Kopi Luwak) and Ethiopian civet coffee. Food Research International **37**:901-912.

Masuda, R., L.-K. Lin, K. J.-C. Pei, Y.-J. Chen, S.-W. Chang, Y. Kaneko, K. Yamazaki, T. Anezaki, S. Yachimori, and T. Oshida. 2010. Origins and founder effects on the Japanese masked palm civet *Paguma larvata* (Viverridae, Carnivora), revealed from a comparison with its molecular phylogeography in Taiwan. Zoological Science **27**:499-505.

McConkey, K. R. 2009. The seed dispersal niche of gibbons in Bornean dipterocarp forests. Pages 189-207 The Gibbons. Springer.

Mudappa, D. 2001. Ecology of the brown palm civet *Paradoxurus jerdoni* in the in predictors of mammalian extinction risk: big is bad, but only in the tropics. Ecology Letters **12**:538-549.

Galdikas, B. M. 1982. Orang utans as seed dispersers at Tanjung Puling, Central Kalimantan: implications for conservation. Pages 285-298 in L. E. M. de Boer, The orang utan: Its biology and conservation. Dr. W. Junk Publishers, The Hague.

Gaubert, P., G. Veron, and M. Tranier. 2002. Genets and 'genet-like' taxa (Carnivora, Viverrinae): phylogenetic analysis, systematics and biogeographic implications. Zoological Journal of the Linnean Society **134**:317-334.

Gautier-Hion, A., J.-P. Gautier, and F. Maisels. 1993. Seed dispersal versus seed predation: an inter-site comparison of two related African monkeys. Vegetatio **107**:237-244.

Grassman Jr, L. I., M. E. Tewes, and N. J. Silvy. 2005. Ranging, habitat use and activity patterns of binturong Arctictis binturong and yellow-throated marten Martes flavigula in north-central Thailand. Wildlife Biology **11**:49-57.

Guimarães Jr, P. R., M. Galetti, and P. Jordano. 2008. Seed dispersal anachronisms: rethinking the fruits extinct megafauna ate. Plos One **3**:e1745.

Haile, N. S. and N. P. Y. Wong. 1965. The geology and mineral resources of Dent Peninsula, Sabah. US Government Printing Office.

Harrison, R. D., S. Tan, J. B. Plotkin, F. Slik, M. Detto, T. Brenes, A. Itoh, and S. J. Davies. 2013. Consequences of defaunation for a tropical tree community. Ecology Letters **5**:678-694.

Herrera, C. M. 1989. Frugivory and seed dispersal by carnivorous mammals, and associated fruit characteristics, in undisturbed Mediterranean habitats. Oikos **55**:250-262.

Howe, H. F. and J. Smallwood. 1982. Ecology of seed dispersal. Annual Review of Ecology and Systematics **13**:201-228.

Jennings, A., A. Seymour, and N. Dunstone. 2006. Ranging behaviour, spatial organization and activity of the Malay civet (*Viverra tangalunga*) on Buton Island, Sulawesi. Journal of Zoology **268**:63-71.

Jennings, A. P., A. Zubaid, and G. Veron. 2010. Ranging behaviour, activity, habitat use, and morphology of the Malay civet (*Viverra tangalunga*) on Peninsular Malaysia and comparison with studies on Borneo and Sulawesi. Mammalian Biology **75**:437-446.

Joshi, A. R., J. L. D. Smith, and F. J. Cuthbert. 1995. Influence of food distribution and predation pressure on spacing behavior in palm civets. Journal of Mammalogy **76**:1205-1212.

Kays, R. W. and J. L. Gittleman. 2001. The social organization of the kinkajou

参考文献

Boon, P. and R. T. Corlett. 1989. Seed dispersal by the lesser short-nosed fruit bat (*Cynopterus brachyotis*, Pteropodidae, Megachiroptera). Malayan Nature Journal **42**:251-256.

Brown, M. J. 1997. *Durio*, a Bibliographic Review. Internatinal Genetic Resources Institute, New Delhi.

Calviño-Cancela, M. 2002. Spatial patterns of seed dispersal and seedling recruitment in *Corema album* (Empetraceae): the importance of unspecialized dispersers for regeneration. Journal of Ecology **90**:775-784.

Campos-Arceiz, A., A. R. Larrinaga, U. R. Weerasinghe, S. Takatsuki, J. Pastorini, P. Leimgruber, P. Fernando, and L. Santamaría. 2008. Behavior rather than diet mediates seasonal differences in seed dispersal by Asian elephants. Ecology **89**:2684-2691.

Chivers, D. J. 1981. Malayan forest primates: Ten years's study in tropical rain forests. Plenum, New York.

Clauss, M., C. Nunn, J. Fritz, and J. Hummel. 2009. Evidence for a tradeoff between retention time and chewing efficiency in large mammalian herbivores. Comparative Biochemistry and Physiology Part A: Molecular & Integrative Physiology **154**:376-382.

Corlett, R. T. 1998. Frugivory and seed dispersal by vertebrates in the Oriental (Indomalayan) Region. Biological Reviews **73**:413-448.

Corlett, R. T. 2002. Frugivory and seed dispersal in degraded tropical east Asian landscapes. Pages **451-465** in **D. J. Levey**, **W. R. Silva**, and **M. Galetti**, editors. Seed dispersal and frugivory: ecology, evolution, and conservation. CAB International, Wallingford, UK.

Duckworth, J. and A. Nettelbeck. 2008. Observations of Smalltoothed Palm Civets Arctogalidia trivirgata in Khao Yai National Park, Thailand, with notes on feeding technique. Natural History Bulletin of the Siam Society **55**:187-192.

Flynn, J. J., J. A. Finarelli, S. Zehr, J. Hsu, and M. A. Nedbal. 2005. Molecular phylogeny of the Carnivora (Mammalia): assessing the impact of increased sampling on resolving enigmatic relationships. Systematic Biology **54**:317-337.

Forget, P.-M. and S. B. Vander Wall. 2001. Scatter-hoarding rodents and marsupials: convergent evolution on diverging continents. Trends in Ecology & Evolution **16**:65-67.

Fritz, S. A., O. R. P. Bininda-Emonds, and A. Purvis. 2009. Geographical variation

索引

著者紹介

中島啓裕（なかしま　よしひろ）
兵庫県明石市出身
2010年　京都大学理学研究科博士課程修了　博士（理学）
現在、日本大学生物資源科学部森林資源科学科　助教
連絡先：nakashima.yoshihiro@nihon-u.ac.jp

装丁　中野達彦
装丁イラスト　北村公司

フィールドの生物学⑬
イマドキの動物 ジャコウネコ —真夜中の調査記—

2014年8月20日　第1版第1刷発行

著　者　中島啓裕
発行者　安達建夫
発行所　東海大学出版部
〒257-0003　神奈川県秦野市南矢名3-10-35
TEL 0463-79-3921　FAX 0463-69-5087
URL http://www.press.tokai.ac.jp
振替 00100-5-46614
組版所　株式会社桜風舎
印刷所　株式会社真興社
製本所　株式会社積信堂

ISBN978-4-486-01995-4

大井　徹　著	獣たちの森	A5	二六五頁	三二〇〇円
中静　透　著	森のスケッチ	A5	二五二頁	三四〇〇円
大井　徹　著	ツキノワグマ　クマと森の生物学	A5変	二六四頁	三二〇〇円
阿部　永　監修	日本の哺乳類　改訂2版	B5	二二四頁	六五〇〇円
八田洋章・大村三男　編	果物学　果物のなる樹のツリーウォッチング	B5	四〇〇頁	四八〇〇円
森林立地学会　編	森のバランス　植物と土壌の相互作用	A5	三〇八頁	二八〇〇円
柴田叡弌・日野輝明　編著	大台ケ原の自然誌　森の中のシカをめぐる生物間相互作用	A5	三二八頁	三五〇〇円

ここに表示された金額は本体価格です．御購入の際には消費税が加算されますので御了承下さい．